進化のからくり

現代のダーウィンたちの物語

千葉　聡　著

ブルーバックス

カバー装幀／芦澤泰偉・児崎雅淑
目次・章扉・本文デザイン／児崎雅淑
本文図版／さくら工芸社

まえがき

「からくり」とは仕組み、原理のこと。だがこの言葉にはもうひとつ意味がある。それは江戸時代に数多く作られた精巧な機械でできた仕掛けや、人形のこと。西欧ではこうした自動機械ないし機械人形を、オートマトンと呼ぶ。ちなみにオートマトンは、転じてコンピュータ・サイエンスの用語にもなっている。外部から入力された信号に反応して、状態を変化させ、何らかの応答を出力するシステムのことである。機械学習で使われる「ニューラルネットワーク」(神経回路網の数理モデル)のシステムも、オートマトンのひとつだ。

さて、二十世紀半ば、数学者フォン・ノイマン(John von Neumann)は、自らのコピーを作る能力をもつマシン――〝自己増殖オートマトン〟なるモデルを考案した。彼の目論みは、強力な計算機を作り出すこと――例えば無限に複雑なマシンを作る能力をもつマシンの設計であった。自己を正確に複製するマシンの存在は、理論上これが可能であることを示すものだった。だが実は、自己増殖オートマトンにはもうひとつ別の、特別な意味があった。それは複製の際に少しだけエラーが起き、自己の不正確なコピーができる場合である。この時、これらのマシンは必ず「進化」するのである。

フォン・ノイマンの自己増殖オートマトンは、あくまで理論上の、仮想のシステムであった。だが実は、この性質を備えたシステムが地球上に実在する。それが、「私たち」である。私たち人間を含む生物こそ、リアルな世界の、しかも不正確な自己増殖オートマトンなのである。というわけで本書のテーマは、そんな生きたオートマトン＝「からくり」たちの進化と、そのからくりである。

想像するに、本書を手にした諸氏の関心は、「進化とは何か？」である。もしかするとビジネス上の理由から、たとえばクライアント相手のプレゼンに、進化というワードを入れてみたくなったから、あるいは学生ならばそれが講義のレポート課題だからという差し迫った事情で、つい購入してしまったという方もいるかもしれない。だがほとんどの場合、諸氏がページを開いた動機は、純粋な好奇心であろう。

何かを知りたい——私たちが知的好奇心をもつことは、進化の結果である。だが、適応進化のプロセスを考えると、これはちょっと奇妙なことだ。なぜなら、そうした好奇心を働かせて得られるものは、たいてい新奇ではあるが何の役にも立たない雑多な情報で、時間の無駄、コストもリスクも増すので、効率よく食物を得て、首尾よく生き残り子孫を残す上で不利になるはずだからである。例えば好奇心の強い人は、大切な恋人とのデートの途中、立ち寄った書店で目にした書籍につい手を伸ばしてしまい、恋人の存在を忘れて読み耽《ふけ》ったあげく、相手に愛想を尽かされ破局を迎える、というリスクに日々晒《さら》されている。また強い好奇心さえ無ければ、大切な会議や試験の前日、たまたま配達された本にうっかり手を伸ばし、準備を忘れてそのまま読み耽ってしまい、さんざんな当日を迎える、などという悲劇は回避できるはずである——本書がそんな災難とは無縁であることを心から願っているが。

なぜ好奇心などという、無駄で非生産的で、もっていると不利としか思えぬ性質が進化したのだろうか。この謎はまだ完全に解けたわけではない。だが有力な仮説のひとつは、好奇心が強いことによる目先の不利益を、それによって得られる長期的あるいは大局的な利益が上回るから、というものだ。好奇心を働かせて吸収した情報や知識は、その時点では役に立たなくても、後になって疫病など思わぬ厄災が訪れたり、環境が大きく変わった時、危機を回避したり、食物を確保したりするのに役立ち、子孫を残す上で有利になっただろう。また、無駄か否かに関わりなく、膨大な情報を集めた結果、それまで気づかなかった有益な情報に出会えたかもしれない。役立つ情報だけを選んで集めるより、そのほうが結果的にもっと大きな利益を得ることもあるだろう。例えば古代人のなかで石に興味があり、どの石が硬くどの石が薄く剝がれるか、どの土地にどんな石があるかを熟知した人々は、特に高性能の石器を作ることができたはずだ。

実は機械学習のプログラムにおいても、好奇心に相当する性質を組み込むことによって、予測や判別の精度が向上することがある。課題を解くのに直接役立つ情報だけを選んで学習させたプログラムが、何度も同じ袋小路に陥って、良い結果を導くことができない場合、課題を解くのに無駄か否かに関わりなく、新奇性の高い情報を学習するよう促すことにより、袋小路を脱して最善の結果を導くことがあるのだ。

しかし、いつか得られるかもしれない利益があるとはいえ、当面無駄でコストばかりかかる行為を続けるには、何かそのモチベーションとなる仕掛けも合わせて進化する必要がある。この仕掛けが、行為に対する「報酬」である。好奇心の場合、それを高めたり満たしたりすることで得られる「楽しさ」が、報酬なのだろう。

というわけで、本書は「進化とは?」という疑問に駆られた読者の好奇心をよりいっそう高めることを目論んでいる。一方、その疑問に明確な回答を与えて、読者の好奇心に幕を引いてしまうことは意図していない。そもそもチャールズ・ダーウィン(Charles Darwin)の時代以来、その答えを巡って膨大な数の研究者たちが積み重ねてきたアイデアの体系を、たかだか250ページほどの本一冊に示すことなど、私には無理な相談である。

本書の目的は、進化を巡る謎解きのストーリーとその成果を読者に楽しんでいただくこと、そして進化を共に考え、知り、楽しむ「進化学ファン」を世に増やすことである。私はそんなファンたちのことや、ファンが昂じて研究者になってしまった人たちのことを〝現代のダーウィンたち〟と呼んでいる。本書には幾人かのアカデミアの世界で活躍する研究者が登場するが、これも読者にストーリーを楽しんでいただき進化学ファンへと誘うための仕掛けである。これらのストーリーは広大な進化学のフィールドの、ほんの小さなローカルな局面を切り取ったものに過ぎないが、それでも進化学のあらゆる領域に通底するエッセンスは感じていただけると思う。

元々本書では、魅力的な研究成果を挙げながらも、偶然あるいは本人が望まなかったため、プロとしての活躍の場をアカデミア以外の世界に移した人々のストーリーも等しく取り上げるはずであった。だがいくつかの困難な問題があり、それは果たせなかった。強調しておきたいのは、科学への貢献こそが重要なのであって、その世界に籍があるか否かは些末な話ということだ。

どの世界でもそうであるように進化学も、ファンあってのプロである。ファンが増えれば、プロの研究者や専門家を志す人も増えよう。能力や実力は環境と出会いと運次第でどのようにも変わりうるし、科学の世界でプロになるのに年齢は本来あまり関係がないので、誰でも何歳からでも挑戦することはできる。だが、どの世界でもそうであるように、プロへの道は厳しいし、プロとして生きていくのも容易ではない。いつ解けるとも知れぬ謎解きに苦しみよりも喜びを見出すなら、あるいは成功よりも自由と挑戦に価値を感じるなら、目指してみてもよいかもしれない。いろいろ苦労すると思うので、あえてお勧めはしないが。それにプロとして科学や産業や社会に直接貢献することも素晴らしいが、プロにならずとも、良きファンとして科学を支えることはそれ以上に素晴らしいことだと思う。私自身、様々なサイエンス分野の熱烈なファンであると自負している。

なお本書のからくりについて、最後に少しだけ説明を加えておこう。本書は講談社・読書人の雑誌『本』に連載したエッセイを加筆、修正したものである。巻末に各章ごとの文献リストを添えたので、体系的・専門的な知識を得たいと願う読者はそちらを参照されたい。

何はともあれ、読者諸氏には本書を楽しんでいただきたいと思う。役には立たないけれど。

本書は、講談社PR誌『本』連載「進化学者のワンダーランド」(2019年1~12月号)をもとに再構成し、加筆・修正を加えたものです。

第1章

不毛な島でモッキンバードの歌を聞く

ここには、君たちがいる

海に面したテラスの奥からは、陽気なラテン・ミュージックが流れてくる。わずかに吹き寄せる風は思いのほか涼しく、この地が赤道直下の熱帯であることを忘れさせる。こぢんまりしたホテルに接する、簡素な造りのオープンテラス。柱に掛かったボードの上に、スペイン語で

〝Bienvenidos〟（ようこそ）の擦《かす》れた文字。私は海を間近に望むその開放的な空間で、テーブル席に座り、愛用のタブレットPCを取り出した。一冊の本を読むためである。

海岸から延びる小道には、まるで息を吹き込まれた溶岩みたいな黒いウミイグアナが、何匹もべったり這いつくばっている。波打ち際を大きくて不細工なペリカンが、中生代の翼竜を思わせる姿で滑空している。

テーブルの上に、一羽の小鳥がひらりと舞い降りた。黒ペンキをかけられて、体中真っ黒になったスズメみたいな鳥だ。チョンチョンとテーブルの上を跳ねながら近づいてきて、大胆にも目の前まで来た。ときどき首をちょっと傾げて、横目でこちらをチラチラ見る。黒くて太く大きな嘴《くちばし》がよく目立つ。無視していると、好奇心旺盛なその鳥は、さらに近づいてきて、手にしているタブレットの画面を覗き込もうとする。まあ待て、ここには君の餌はない。しかしながら――私は鳥に話しかけた。「ここには、君たちがいる」。

本のタイトルは、『40 Years of Evolution』。著者はピーター・グラント（Peter R. Grant）博士とローズマリー・グラント（B. Rosemary Grant）博士の夫妻である。本の主役は君たち、そうダーウィンフィンチだ。

私はここでこうやって君たちと一緒に、君たちの話を読むために、この本をここガラパゴス諸島まで持ってきたのだ。

小さな島で世界を変える

その本は、グラント夫妻が四十年をかけて成し遂げた、小さな孤島のダーウィンフィンチの研究をまとめたものだった。進化学の世界を変えた歴史的な研究の、集大成である。

ダーウィンフィンチは、棲み場所や餌、それに嘴など形の異なる十五の種からなる。私の前にいるのは、このうちのガラパゴスフィンチという種だ（図1-1）。ガラパゴス諸島で一つの祖先種から、異なる環境に適応した多様な種へと進化してきたのである。適応放散と呼ばれる進化だ。

ガラパゴス諸島の中心、サンタクルス島のすぐ北に、大ダフネ島という無人島がある。直径六百メートル程の小さな円形の島である。一九七〇年代からガラパゴス諸島で研究に取り組んでいたグラント夫妻の研究チームは、一九七七年の大干ばつの翌年、この島のガラパゴスフィンチの嘴が大きくなったことに気づいた。嘴の形や大きさは親から子へと遺伝する。採餌《さいじ》や囀《さえず》りにも関係する重要な形質だ。遺伝する形質に起こる世代を越えた変化、すなわち進化が目撃されたので

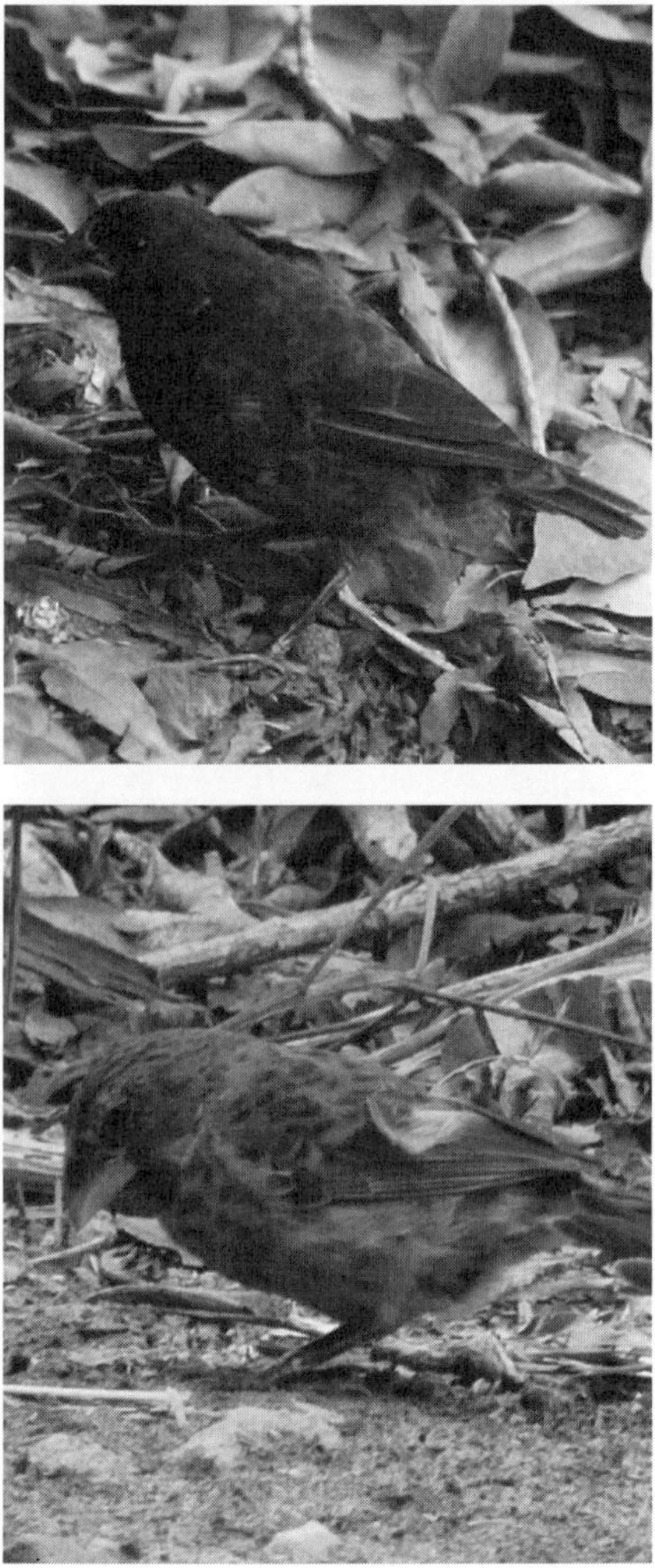

図1-1　ガラパゴスフィンチ、上：オス、下：メス

ある。

彼らはこの期間に得た死亡個体と生存個体の膨大な計測データから、何がこの進化をもたらしたかを解明した。干ばつで餌の種子が減り、残った固い大きな種子を割って食べることができる、嘴のより大きな個体がより多く生き延び、その遺伝的な形質を受け継いだ子が増えたためだった。生き残るうえでより有利な形質を持つ個体が、より多くの子孫を残す——自然選択と呼ばれる進化のプロセスが検出されたのだ。百五十年前にチャールズ・ダーウィンが提唱した進化とそのプロセスが実証されたのである。

ところがフィンチの進化はそこで終わらなかった。一九八二年からの異常気象で長雨が続くと、小さな種子が大きな種子より圧倒的に豊富になった。すると今度は大きな嘴の個体は餌を食べるのに苦労し、生き残る上で不利になった。その結果、島に棲むガラパゴスフィンチの嘴のサイズは小さくなったのである。

グラント夫妻は、その後四十年に亘り大ダフネ島で調査を行い、エルニーニョに伴う気候変化の度に、フィンチ類の嘴の大きさと形が変化したことを観察した。そしてその変化が、個体間の生存率の差による自然選択によって引き起こされたことを実証した。さらにゲノム（ある生物が持つ全ての遺伝情報のセット）の解析により、フィンチ類の嘴の形と大きさを決めている遺伝子も突き止めた。その進化は遺伝子のレベルでリアルタイムに観測されたのである。

大ダフネ島でグラント夫妻はさらに驚くべき発見をした。他の島から飛来した一羽のフィンチ（最新の研究によれば恐らくオオサボテンフィンチ）が、ガラパゴスフィンチと交配した。その子孫の系統のひとつは、移住者のフィンチとガラパゴスフィンチの中間的な形になり、他のフィンチ類があまり食べない餌を食べるようになった。さらに囀りなど、求愛に関わる性質にも違いを生じた。鳥類では一般に、雄の囀り（歌）、求愛のダンス、体の模様、嘴の形などが、仲間たちのものと異なる場合、雌はその雄を配偶者に選ばない。そのためこの系統は、同じ系統に属する雌雄以外、島に棲む他のどのフィンチとも交尾をしなくなっていった。他の集団との交尾を避ける性質を、島で進化させたのだ。

もしある集団に属する個体と、別の集団に属する個体の間で交尾ができない、または交尾できても正常な受精ができない場合、これらふたつの集団の間では交配が起きないので、遺伝子の交流が生じない。この状態を、生殖的に隔離されている、と言う。そしてこのように互いに生殖的に隔離された集団を、私たちは一般に別の種とみなす。グラント夫妻はこの島で、新しい種が誕生しつつある様を目撃したのである。

ただしこれらの種は稀に雑種を作る。生殖的隔離が完全ではないのだ。完全な別の種になるまでに、中間的な段階を経て分化が進むのである。

このように彼らは、ダーウィンが着想した進化の考えを、四十年というダーウィンが予想もしなかったほど短い観察時間の中で立証したのであった。

＊　＊　＊

彼らの論文を読み、その研究に初めて出会ったのは一九八〇年代半ば、私がまだ大学院生の頃だった。嘴のように重要な形質の進化が、人為の影響なしに自然界でリアルタイムに観察できることに衝撃を受けた。そうした進化は、ダーウィンも想定していたように、非常にゆっくり進み、地質学的証拠――化石記録でなければ観察できない、と思っていたからである。当時、小笠原諸島で化石を材料に進化の研究を進めていた私は、彼らの論文によって、新しい世界に誘い出されたように思われた。進化はゆっくりすぎて見えないという固定観念が消えた代わり、進化がリアルタイムにここまで分かるなら、化石で進化を研究する意味は何か――それを深く考えざるを得なくなった。

彼らの研究は、私に幾つものアイデアの素材となる知識を与えた。特に重要だったのは、ある性質の有利・不利は、環境が変われば逆転しうる、という点だった。これは、変化する環境の下で進化が起こりやすい集団とは、現時点で生存にあまり役立っていない性質や、不利な性質をもつ個体を多く含む、遺伝的な多様性の高い集団であることを意味していた。集団の中で今はまだ少数派の、役に立たない、あるいは不利な性質の中に、未来を制するものが含まれているのだ――これは、以後の私の研究に重要な示唆を与えた。もしこのグラント夫妻らの研究がなければ、私の博士論文――私が初めて国際誌に発表した論文は、この世に存在しないか、あるいは全く別の物になっていただろう。その意味で彼らの研究は、私の研究の原点であった。

始まりの地

小さな空港に降り立った時、私が目にした景色は、まるで火星のように赤茶けた、岩だらけの痩せた大地に、矮性の樹木とサボテンが点々と生えるだけの不毛な世界であった。その空港は、第二次世界大戦中、日本軍の攻撃からパナマ運河を守るため、アメリカがエクアドルから借り受けたものだった。だが返還後は、スペイン語で大きなカメの意味の名をもつこの群島――ガラパゴス諸島の玄関口となり、今や年間二十万人もの観光客が利用する。現在のガラパゴスは、エクアドル経済を支えるＡＴＭと言うべき存在である。

もっとも、カート・ボネガットに言わせれば、ガラパゴスの生物は〝あまりぱっとしない顔ぶれ〟で、もしチャールズ・ダーウィンがいなければ、エクアドルにとってそこは、〝スタッフォードシャーのボタ山ほどの価値しかなかった〟だろう。

ダーウィンを乗せた英軍艦ビーグル号が、ガラパゴス諸島を訪れたのは、一八三五年九月のことであった。彼がそこで最初に目にした景色も、やはり荒涼とした不毛な世界だった。『ビーグル号航海記』には、「島の低地は著しく不毛」で、最初の上陸地サンクリストバル島のことを、「初めて見た景色に、惹きつけられるものは何もなかった」と記している。

ダーウィンはガラパゴス諸島に約一ヵ月滞在した。当時二十六歳、血気盛んで命の危険も顧みず、南米で調査という名の冒険を続けてきたダーウィンは、ガラパゴスでも精力的に動植物と地質の調査を行った。まだ生物の種は神が創造した「不変の存在」だ、と信じられていた時期である。

だがここでダーウィンは、進化というアイデアを導く上での、重要な閃《ひらめ》きを得る。それを与えたのは、ガラパゴスマネシツグミだった（図1-2）。彼らは楽しそうに歌う——ダーウィンがそう著書に記した鳥だ。ガラパゴス滞在中、ダーウィンは、人懐こい独特なマネシツグミ＝モッキンバードがいること、それは南米大陸の鳥の仲間であることを、ノートに書き留めた。さらにダーウィンは、別の島のマネシツグミとは、特徴が少し違うことに気づく。特に注意してこの鳥

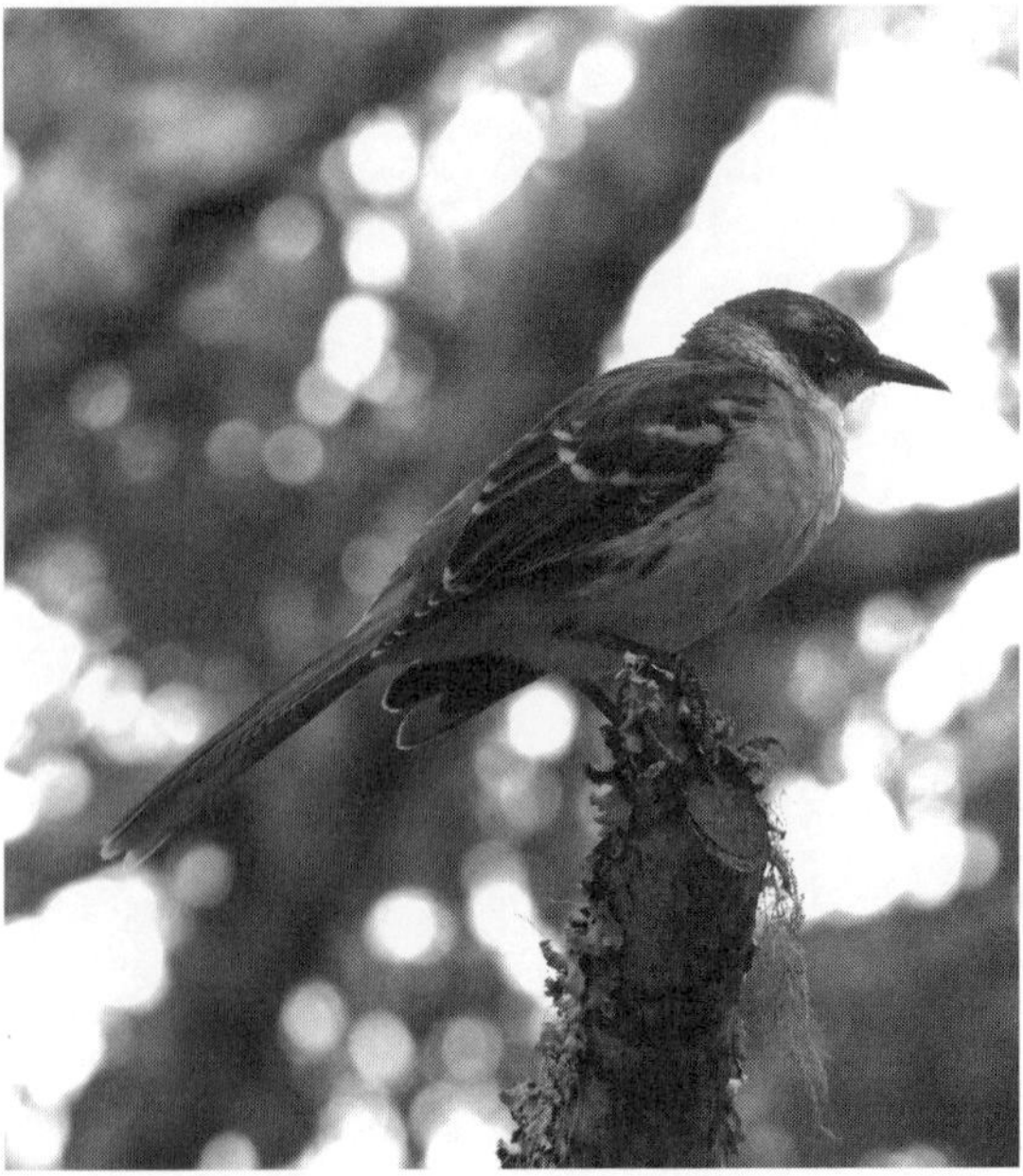

図1-2 ガラパゴスマネシツグミ

を採集したのは、それが理由だと書き残している。その後彼は島民から、ゾウガメの特徴にも、島によって違いがあることを聞かされる。

　ガラパゴスを出帆後、船内でダーウィンはマネシツグミの標本を調べ、島ごとの形の違いと大陸の鳥との近さを改めて確認する。そしてゾウガメの話を思い出し、こうノートに記した――「種の不変は崩れるかもしれない」。ダーウィンが進化の着想を得たことを仄《ほの》めかす、最初の記述とされるものである。※注1

　英国に戻ったダーウィンは、鳥類学者ジョン・グールド（John Gould）の意見や、持ち帰った標本の観察と思索を経て、明確な進化のアイデアを得る。一八三七年のことであった。「種の転成」と題した彼のノートには、「少しずつ違う環境の島に放たれた動物は、しばらく隔離された後には、違うものになっているはずだ。ガラパゴスのゾウガメやマネシツグミや、フォークランドとチロエ島のキツネや、英国とアイルランドのノウサギがそれだ」と記されている。そして同じノートの後段には、種が枝分かれしつつ進化することを示す図が描かれている。

　それから二十年をかけて進化理論を緻密に構築したダーウィンは、一八五九年『種の起源』を著し、そこに次のように記した。

「同じ群島の島ごとに近縁な別種が住み、それらに近い種が群島に最も近い大陸にも住む――こ

※注1　この時点でダーウィンが進化論者になったかどうかという点には議論があるが、これを長年研究しているフランク・サロウェイ（Frank J.Sulloway）博士は、筆者あての長大な私信で、数多くの証拠をあげ、ダーウィンは創造説を信じる立場をまだ捨てていなかったと述べている

れは独立に種が創造されたという考えではなく、大陸から移住した種が変化し、新しい環境に適応した、という考えで説明できる」

進化

地質学や天文学では十九世紀の初めにはすでに、神の手ではなく自然の営みによって、自然が時間とともに一定の方向に発展していくことを、進化（evolution）という言葉を使って表すようになっていた。そのため「地球の進化」や「星雲の進化」という表現がすでに用いられていた。

しかし実はこうした進化の言葉の意味は、ダーウィンが考えていた生物進化の意味とは二つの点で大きな違いがあった。第一に、生物進化は遺伝する性質に起きる、世代を越えた変化であることだ。第二に、生物進化は性質の発達や発展の意味ではない。方向性のない変化の意味である。進化の過程では、体の一部が発達したり複雑になったりすることがあるが、その逆もある。どちらも進化だ。

ちなみに十九世紀初め以前は、生物学で個体発生や変態による姿の変化を、進化（evolution）と表現することがあった。だからダーウィンは、自分の進化の考えが、それまでに広まっていた異なる意味の進化と混同されることを恐れ、『種の起源』の初版では「転成」(transmutation)という用語を使い、「進化」(evolution)という用語を使わなかった。厳密には、本の末尾の文章に、evolve——進化する、という動詞形を一度だけ使ったが。こうしたダーウィンの進化の考えが定着し、生物学で進化という言葉を方向性のない変化の意味で使うのが一般的になったのは、二十世紀以降のことである。

さて、進化を巡る問いには、大きく分けて二種類ある。進化の歴史と進化の仕組みについてである。ダーウィンの着想も、この二つの問いに対するものであった。

進化という歴史の事実に気づいたダーウィンは、異なる種は独立に創造されたものではなく、共通の祖先種から徐々に分化したものだと考えた。ダーウィンにとって、種は特別な意味を持つ存在ではなかった。小さな変化が積み重なった結果、形や性質が他と区別できるようになった個体のグループを、種と呼んでいるにすぎない。また前述の生殖的隔離は、性質の分化の単なる副産物である、と見なしていた。

これに対し、二十世紀半ばに遺伝学者セオドシウス・ドブジャンスキー(Theodosius Dobzhansky)と生物学者エルンスト・マイア(Ernst Mayr)が、生殖的隔離の有無に基づいて種を定義し、種は単なる個体のグループではなく、自然に実在する生物学上の単位である、と主張した。しかしその後、種の実在という考えは、その背景となった理論とともに否定され、ダーウィンによる種の見方が見直された。生殖的隔離も徐々に進化する場合が多く、その強さにも様々な段階がある。そのどこに線を引いて、別の種として区別したらよいかを決めるのは難しい。恣意的に決める他ないのである。とはいえ、いったん分化した変異が融合するのを妨げる仕組みの一つが生殖的隔離であること等から、有性生殖をする生物では、現在でもこの生物学的種と呼ばれる定義が、広く用いられている。

ではこうした進化は、なぜ起こるのだろう。ダーウィンは様々な進化の仕組みを考えたが、特に重視したのが自然選択である。同じ集団でも、個体によって形や大きさ、色、その他様々な性質に違いがあるのが普通で、その多くは遺伝する性質であり、ランダムに作られる。こうした性質の変異の中で、生存率や出生率がより高いものが、次世代に他の変異より数や比率を増やす。そして世代を重ねることによって、ひとつの集団を構成する個体の性質が徐々に変化し、適応が進む。これが自然選択による進化である。

変化する環境への適応は自然選択の結果として生じるものであり、生物が能動的に、環境への適応を目指すわけではない。自然選択による適応進化は、例えるなら「目先の利益が最大化」するような振る舞いの結果なのである。

ダーウィンの時代には性質の遺伝を担うものの正体はわかっていなかったが、二十世紀以降、それが遺伝子、さらにはＤＮＡであることが判明する。変異の由来が突然変異であることも示される。自然選択の考えは、集団遺伝学の成立とともにメンデル遺伝学と融合し、それを進化の主要因と考える総合説へと発展した。その後、集団内で起きる変異の確率的な変化を、進化の要因として重視する立場との論争や、新たな進化要因の発見を経て、進化に関わる多彩なプロセスの理解が進んだ。こうしてダーウィンの考えは、様々に修正、改変されるとともに、進化生物学ないし進化学という大きな体系へと発展した。

大胆に単純化した比喩を使うなら、進化は、遺伝子に刻まれた情報のバトンを交換しながらリレーで繋ぐ、ランナーたちのサバイバルレースである。バトンを継ぐ度、ランナーもバトンも、バトンに記された情報を元に複製される。だが情報は必ずしも正確にコピーされない。それゆえに情報も、それを受け継ぐランナーも、代々変化してゆくのである。

ダーウィンが着想した進化の考えも、知識という情報のバトンとして受け継がれ、交換され、変化を遂げてきた。だが変化してきたのは、進化の考えそのものだけではない。

フィンチ伝説

〝ガラパゴスでダーウィンフィンチから進化に気づいたダーウィン〟——そう書いた本は珍しくない。私の手元の観光パンフにもそう書いてある。『ビーグル号航海記』にも、印象的なスケッチとともに、フィンチ類が島で進化したことを示唆する記述があるので、つい信じてしまう話なのだが、科学史家・進化心理学者のフランク・サロウェイ（Frank J. Sulloway）博士によれば、これは根深い伝説だという。本当は、ダーウィンはガラパゴス諸島に滞在中、ダーウィンフィンチには全く関心を持たなかった。ダーウィンが産地すらきちんと記録せず無造作に採集した標本を、後で調べて実はそれらが独特で互いに近縁なフィンチ類だと気づいたのは、鳥類学者グールドだった。

そもそもダーウィンは、進化の着想をガラパゴス諸島で得た、とはどこにも書き残していない。ダーウィンが進化に気づいたのは、ビーグル号航海の途上だったのではないかと、初めて指摘したのは十九世紀末、息子のフランシス（Francis Darwin）だった。二十世紀初頭までの時代、ガラパゴス諸島は進化において重要な場所の一つ、とは認識されていたものの、今のようにそこが進化論発祥の聖地とまでは、思われていなかったのである。

実際、明確な進化の着想を得て以降、ガラパゴスの生物は、ダーウィンの進化研究にあまり貢献していない。以後特に重要な役割を果たしたのは、自宅の庭のミミズと、ロンドンのハトと、英国の海岸に無数にいるフジツボだった。ダーウィンは身近にいくらでも見つかる、ごくありふれた目立たない動植物の研究と、他の研究者たちの膨大な研究成果を利用して、進化理論を組み立てていったのである。

ガラパゴスがダーウィンの訪れた特別な場所、として人々に意識されるようになったのは、一九三〇年頃からである。集団遺伝学の発展により、ダーウィンの自然選択説が、改めて支持を受け始めた時代である。科学史家ジョン・ヴァン・ワイ（John van Wyhe）博士によれば、その大きな転換点は一九三五年のことだったという。この年、ダーウィンのガラパゴス訪問百周年を記念するイベントが開かれ、ダーウィンが進化を着想した島、という解説が登場する。さらにダーウィンの孫娘ノラ・バーロウ（Nora Barlow）が、ダーウィンの航海中のノートから、あの「種の不変は崩れるかもしれない」という記述を見つけ、それがガラパゴス滞在中に書かれたものだ、と発表した（実際にはガラパゴス出港後に書かれたものであったが）。

翌年、鳥類学者のパーシィ・ロウ（Percy Lowe）が、ガラパゴスのフィンチ類に、〝ダーウィンフィンチ〟という名前を与えた。彼は、マネシツグミと同じくフィンチ類も、進化の着想を導いた、と信じていたらしい。彼はその多様性の高さから、これらの鳥が、極めて優れた進化の研究材料である、と訴えた。※注2

ロウの期待に応えたのは、その三年後にガラパゴスを訪れた、当時アマチュアの鳥類愛好家だったデイビッド・ラック（David Lack）であった。彼はダーウィンフィンチの嘴の形が、餌の種類や餌の取り方と関係があることに気づいた。嘴の形の違いは、餌の違いを反映していたのである。さらに異なる種が餌を奪い合う時、種間の競争を避けるように互いの餌が変わり、その結果、嘴の形も分化することを見出した。競争を介した適応により、嘴の形が多様化することを突き止めたのである。その成果は、後のグラント夫妻による研究の基礎となった。

一九四七年にラックは、著書『ダーウィンフィンチ』の中で、自然選択による適応が進化の主要なプロセスであることを、強く印象付けた。そのためこの著書は、ダーウィンはダーウィンフィンチから進化に気づいた、と多くの人々を錯覚させることになった。天啓を囁いたのは、本当はマネシツグミだったのだが、役者が入れ替わったのである。

その後、研究者やジャーナリスト、さらに一般の進化学ファンが繰り返し、この〝伝説〟を広めた。ＢＢＣ（英国放送協会）のドキュメンタリー制作で有名な、デイビッド・アッテンボローも

※注2　ただし彼はそれらが雑種かもしれない、と思っていた

〝伝説〟を広めた主要人物の一人である。そして最後に、進化を証明した鳥、という決定的な役割を与えることにより、その仕上げを施したのが、グラント夫妻の研究だったのである。

進化学ファンと進化学者は皆ダーウィンである

ダーウィンフィンチの伝説は、ダーウィンの思いを継ぐ数多《あまた》の人々が、ダーウィンの理論の正当さを証明し、修正し、新発見を加え、伝えていく過程で生まれた。言わば真理追究の副産物なのである。その意味ではダーウィンにとってやはり、ダーウィンフィンチは特別な存在で、ガラパゴスは聖地なのだ。

進化を研究する進化学者も、進化の話を楽しむ進化学ファンも、どちらもダーウィンの志を受け継ぐ後継ダーウィンである。アンチ自然選択の論客も、証拠と論理で進化の謎に挑む限り、正統なダーウィンの後継者だ。敵がいて初めてゲームは成り立つ、ゆえに論敵もまた同志である。

初代ダーウィンだけでは、進化の考えが広まることも、ガラパゴスが進化論発祥の聖地になることもなかっただろう。それは初代を継いだ数多の後継ダーウィン達が、独自の新しい発見を加えつつ、知識を交換し引き継ぎながら、前進してきた結果である。

サッカーのゲームに例えるなら、見出したコースに通したパスで、知識のボールを繋ぎつつ、真理のゴールに向けて進んできたのだ。そうした真理の追究の副産物として、不毛なガラパゴスの大地と、そこのあまりぱっとしない生物は、金には代えられない普遍的価値をもつ人類共通の遺産となり、同時にエクアドル経済を支える資金源となったのである。

＊　＊　＊

ダーウィンフィンチは、代わる代わるやってきて、テーブルや椅子や床の上で跳ねている。時々こちらに近づき様子を窺うが、特に私の読書の邪魔をするわけでもない。おかげで、グラント夫妻のフィンチの本は、およそ半ばの章まで読み終えることができた。

次は「進化の可能性」という章だ。読み進むと、こんな文章がある――「異質な集団が出逢って交配すると、遺伝的な多様性が増え、制約が弱まる。その結果、集団は新しい方向への進化が起こりやすくなる。こうして新しい遺伝的、形態的な場が与えられることにより、個体は新しい進化の道筋の出発点に立つことができる。これを突然変異の効果だけで導くのは難しい」――その文章の一番後ろに、私の名前が書いてあった。同じ結論に至った他の研究と共に、私の論文とその主張が引用されていたのだ。それは私が初めて発表した国際誌論文――私の博士論文であった。彼らが蹴り出したボールを追い、初めて蹴った先に、また彼らがいて、そのボールを受け取っていたのである。このゲームには、その気があれば誰だって参加できるのだ。

「自分もいた」。思わずそうフィンチに話しかけた。すると一瞬の間を置いて、フィンチはパッと飛び去った。

テラスの奥から、軽快なラテンポップが流れてきた。僅かに哀愁を帯びた旋律に、艶やかなスペイン語が乗っている。

エンリケ・イグレシアスの「Bailando」だ。

さて、そろそろ私は仕事の時間のようである。

第2章 聖なる皇帝

貴公子と皇帝

貴公子と皇帝の共通点は、人々に憧れと怖れを同時に抱かせる存在であることだ。そしてもうひとつ。この世の人々が本物の彼らを直接目にする機会はほとんどない。

ラテン・ミュージックの貴公子、エンリケ・イグレシアス。整った容姿と、グラミー賞に輝いた艶やかな歌声。その華麗なパフォーマンスは、世の女性たちの魂を無慈悲に奪い取る――これは男性には恐怖だ。そしてラテンポップの帝王と呼ばれた偉大なミュージシャンを父に持つ、無敵の系譜。確かにこれは、真の貴公子の数少ない実例と言えるだろう。

一方、今の現実の世界に、真の皇帝はいない。だがフィクションの世界にはごく稀に存在する。そんな架空の、しかし真の皇帝と呼ぶべき人物の一人は、『北斗の拳』に登場するサウザーであろう。

『北斗の拳』は、一九八〇年代、世紀末の世に爆発的な人気を博したコミックである。サウザーとは、修羅の世界の英雄にして主人公のケンシロウを、赤子の手をひねるように苦も無く叩きのめした、帝国の支配者にして最強の皇帝である。

一切の情を排した暴虐、究極まで研ぎ澄まされた冷酷非情。このサウザーの設定は、真の皇帝にふさわしく、ある種の憧憬を覚えずにはいられない。ちなみにサウザーは自らを、皇帝を超越した神に近い存在――聖なる皇帝――聖帝と称した。さて、実在の貴公子エンリケ・イグレシアスと、架空の聖帝サウザー。実は彼らには、もうひとつ共通点がある。それは彼らの体のつくりにある。

人の顔や体の外見は、ふつう左右対称である。しかし体の内側は違っている。左右で非対称なつくりになっているのだ。普通の人は、心臓が自身の左側にある。肝臓は右側だ。胃は体の真ん中付近にあるが、形がそもそも左右非対称である。肺や腎臓のように体の左右に存在する器官も、形や位置が左右で違っている。

実は、エンリケ・イグレシアスとサウザーは、どちらも体の内側の作りが、普通の人と左右が完全に逆になっているのだ。つまり彼らの心臓は右にあり、肝臓は左にある。すべての臓器が、ちょうど普通の人の体の中を、鏡に映したような配置になっているのだ。

臓器の位置が通常と左右逆になっている状態を内臓逆位と呼ぶ。彼らのように、すべての臓器の位置が完全に左右反転するケースは、一万人にひとりの割合で生じるとされる。この場合、臓器の位置が通常の場合と全て反対側にあるだけで、他に違いはない。内臓逆位でない人達となんら変わらぬ暮らしを送るのが一般的である。ただ、一部の臓器だけに内臓逆位が起きた場合（内臓錯位）は、少し厄介だ。こちらは、時に重い病を発症することがあるからだ。またこれが新生児の死因になることもある。これを治療し、患者を苦しみから解放することは言うまでもなく医学の責務である。だが、それにはまず内臓逆位がなぜ起きるのか、そもそも人体の左右はどう決まるのか、その仕組みを知らねばならない。

F分子仮説

人体は、受精卵から出発した胚が細胞分裂を繰り返し、細胞の数と種類を増やしつつ作られていく。人の胚では、まず体の前後軸と背腹《はいふく》軸が決まり、最後に左右軸が決まる。ではどのような仕組みで、体の左右が決まるのだろうか。この問題は古くから多くの研究者の関心を集めてきた。理由のひとつは、多様な体作りの起源という、生物進化の根幹に関わる問題だったからである。そして数多の仮説を巡り、論争が展開されてきた。

たとえば一九九〇年に提唱されたF分子仮説。ミクロな仮想のキラル分子——F分子が、体の左右非対称性を作りだす、と考える仮説だ。キラルとは自らの鏡像と重ね合わすことのできない立体のことである。たとえば右手とその鏡像である左手は、同じ向きに重ならないのでキラルである。右足で履いていた靴をどう頑張っても左足で履けないのは、左右の靴がキラルだからだ。こうしたキラル分子を、前後と上下に並べていけば、おのずと左右の方向性が決まる。ミクロなレベルのキラル性がマクロなレベルに波及し、増幅され、体の左右非対称性を決めると考えるのである。だが体の左右の問題は分子レベルの研究が遅れ、理解が進まず、論争も決着しなかった。

小さな窪みの秘密

一九九〇年代半ばから二〇〇〇年代半ばにかけてのおよそ十年間は、日本の科学の黄金時代であった。この時期に日本から、生物学の世界にブレークスルーをもたらす画期的な発見が相次いだ。マウス胚を使って、体の左右が決まる仕組みを鮮やかに解き明かした、廣川信隆博士や濱田博司博士ら一連の研究は、その代表格である。

明らかにされたその仕組みは、次のようなものだ。受精してから七日ほど経過したマウスの胚は、左右対称で体の左右はまだ決まっていない。この時期のマウスの胚は円筒形のナスのような形だが、間もなく胚の腹側中央のノードと呼ばれる部分に小さな窪みができる。この窪みにはたくさんの繊毛が生えていて、これが時計回りに回転運動をする。すると窪みの内側に左向きの液体（羊水）の流れが生じる。この流れに運ばれたシグナル分子が感知されると、胚の右と左で別々の遺伝子群のスイッチが入り、体の左右が決められるのである。実際にこの液体の流れの向きを人為的に右向きに変えると、マウスは内臓逆位になる。また繊毛が回転しないマウスの変異体は、半数の個体が内臓逆位を示す。

人体の左右もこれとほぼ同じ仕組みで決まる。内臓逆位の多くは、胚のノードにある繊毛の性質の変化で説明できるのである。

ところがこの発見は、内臓逆位の仕組みの一般性をめぐる、新たな論争を引き起こした。なぜなら内臓逆位は他の動物、たとえば鳥や線虫、ショウジョウバエでも知られていて、その仕組みはそれぞれ違っていたからである。ショウジョウバエの場合、特定の遺伝子に突然変異が起こり、細胞を作る分子の性質が変化すると、消化管や生殖腺に内臓逆位が起きる。

これは哺乳類とは別の仕組みに見える。だが、本当にそうだろうか。実は、分子——ミクロな部分に、より根源的で共通の仕組みがあるのではないのか。この大胆な見方を一躍有力にする用意が、意外なところで進められていた。風雲はえてして辺境から巻き起こるのである。

ちなみにショウジョウバエの内臓逆位に関係する遺伝子は、聖なる皇帝の名にちなみ、「サウザー」と命名されている。

アップテンポのＥＤＭ（Electronic Dance Music）であれ、情熱的なバラードであれ、エンリケ・イグレシアスのヒット曲の半分は、失恋と嫉妬の歌だ。要は修羅場である。貴公子にとって、修羅場こそ、自らと世界を高め、かつ最も輝ける場なのかもしれない。ある意味、これは進化学者も同じである。彼らが輝き、自らと世界を真理に近づけることができるのは、真理を巡る無慈悲な批判と合理的な応答、そして発見の歓喜と冷酷な否定の場――サイエンスの修羅の世界である。

さて、内臓逆位は体の内側で起こるものだが、唯一、それが体の外見に現れる動物がある。巻貝である。市場に並ぶサザエを手に取ってみよう。殻を上から見ると、時計回りに巻いている。これが右巻きだ。巻貝の種類によっては巻き方がこれと逆、左巻きになっている。右巻きの種類に比べると、左巻きの種類はずっと少ないが、淡水巻貝、ソトモノアラガイやヨーロッパモノアラガイのように、右巻きと左巻きがともに見られる種類もある（図２‐１）。

二十世紀初頭、ソトモノアラガイを使った交配実験から、右巻き、左巻きの遺伝の仕方を調べ

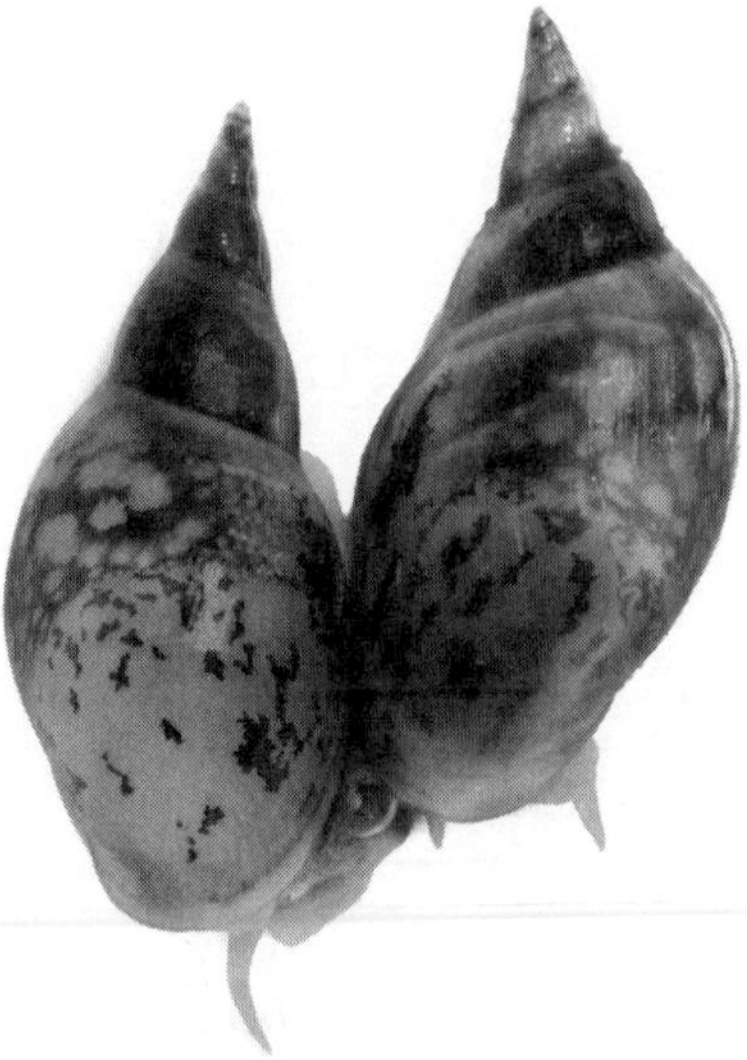

図2-1
ヨーロッパモノアラガイの左巻き（左個体）と右巻き（右個体）
撮影：Esther de Roij/University of Nottingham、Angus Davison博士の厚意により提供

たイギリス人がいた。病理学者兼貝類学者のアーサー・ボイコット（Arthur Boycott）と、アマチュア貝類学者シリル・ダイバー（Cyril Diver）である。二人は実験で得られた一万六千匹から左巻き、右巻きの比率を求め、その結果を論文として発表した。

「巻き方が左になるか右になるかは、メンデルの遺伝の法則には従わない。何か別の仕組みが関わっている」

これが彼らの結論だった。交配実験で生まれた子の右巻き左巻きの比率や、両親の巻き方との関係が示すデータは、メンデルの遺伝の法則からずれたものばかりだったのである。

しかし、この論文は痛烈な批判にさらされた。

「この結果は、実はメンデルの遺伝の法則で説明できるのではないか」

批判したのは、アメリカの遺伝学者アルフレッド・スターテヴァント（Alfred Sturtevant）である。彼は理由としてこう指摘した。

「なぜなら、巻き方向を決めるのは、卵の細胞質にあるなんらかの因子かもしれないからだ。もしそうなら、子の巻き方は、母親の遺伝子で決まる」

ボイコットらは、子の巻き方は子自身の遺伝子で決まると思っていた。もしそれが母親の遺伝子で決まるなら、結果の解釈は大きく変わるだろう。この批判に鼓舞されたボイコットらは、実験を追加し、研究を進めた。そして膨大なデータに基づいて彼らが再び発表した論文は、スターテヴァントが指摘したように、子の巻き方は母親の遺伝子によって決定していることを示したものだった。

捻じれた配置

巻貝の内臓逆位——右巻きと左巻き——は、母親が持ったたったひとつの遺伝子が、卵の細胞質に存在するなんらかの因子を変えることによって決まる。では、その因子とは何だろう。

卵の受精後、二度の細胞分裂（卵割《らんかつ》）で四つの細胞ができる。この時、右巻きの巻貝では、全体が右方向にやや回転して、細胞の配置に右方向への捻じれが現れる。十九世紀末、左巻きのサカマキガイの観察から、左巻きでは細胞の配置が、左方向に捻じれることが突き止められた。それ以来、左巻きの卵割の様子は、右巻きの卵割の鏡像だと信じられてきた。その約百年後、黒田玲子博士らが、ヨーロッパモノアラガイの卵割を詳細に観察した。その結果は、常識を否定するものだった。この種では左巻きの卵割の様子は、右巻きのそれの鏡像ではなかったのである。卵割で細胞が四つになった時、右巻きと左巻きでは細胞の形が違っていたのだ。しかも左巻きでは、細胞が四つの時には細胞の配置に捻じれはなく、左右対称で、もう一度卵割が起きた後に、初めて捻じれが現れた。

実はこの時の細胞の捻じれた配置が、そのあと殻が右巻きと左巻きのどちらになるかを決める、信号の役を果たしていたのである。そしてこの捻じれには、細胞の形を一定に保つ役目をする分子が関係していることも突き止められた。

だが、まだ謎がある。肝心の遺伝子の正体がわかっていないのだ。その遺伝子が作り出す因子は何なのか。そしてなぜそれは細胞の分子を変え、配置に捻じれを作るのだろうか。

因子の正体

「それがわかった時は、嬉しくて〝エウレカ〟と叫びたい気分だったよ」

英ノッティンガム大学の教授を務めるアンガス・デビソン（Angus Davison）博士は、ヨーロッパモノアラガイの左巻きと右巻きの間で、働き方が違う遺伝子がひとつだけ見つかり、その正体が判明した時の心境をこう語る。

「でも、もっと嬉しかったのは、論文が出版された時だね」。二〇一六年にデビソン博士らが突き止めたのは、フォルミンというタンパク質を作る*Ldia2*遺伝子だった。この遺伝子が機能し、正常なフォルミンが合成されると、受精卵はすべて右巻きに発育する。つまり、ヨーロッパモノアラガイのデフォルト（標準）は右巻きだったのである。

通常ならこの遺伝子は、まず受精卵全体で働き、一回目の卵割で卵が二つの細胞に分裂した時には、片側の細胞だけで働く。ところが左巻きでは、*Ldia2*遺伝子に異常があり、その機能を失っていた。だからこの遺伝子が働かない左巻きは、二回目の卵割の段階では、四つの細胞の位置は左右対称で、捻じれが生じなかったのだ。また、何もしなければ右巻きに発育するはずの受精卵に対して、フォルミンの働きを薬剤で阻害すると、胚は左巻きになった。そしてこの人為的に作られた左巻きは、卵割の時の細胞の形や配置も、通常の左巻きが示すものと同じだった（図2-2）。殻の左右の巻き方向を決める因子とは、フォルミンだったのである。

細胞内には、その形を維持したり、変形・分裂させたり、その他さまざまな働きをする繊維状の分子がある。これを細胞骨格という。細胞を建物に例えると、それを支える梁や柱に配管、内部で物資や人を運ぶエレベーターのワイヤーやチェーンにレールのようなものである。フォルミンは、それらを繋げたり調整したりするネジや留め具のような役目を果たす。放射状に繋がった細胞骨格の分子は、物理化学的な性質と、このフォルミンの作用によって、一方向へ回転して捻

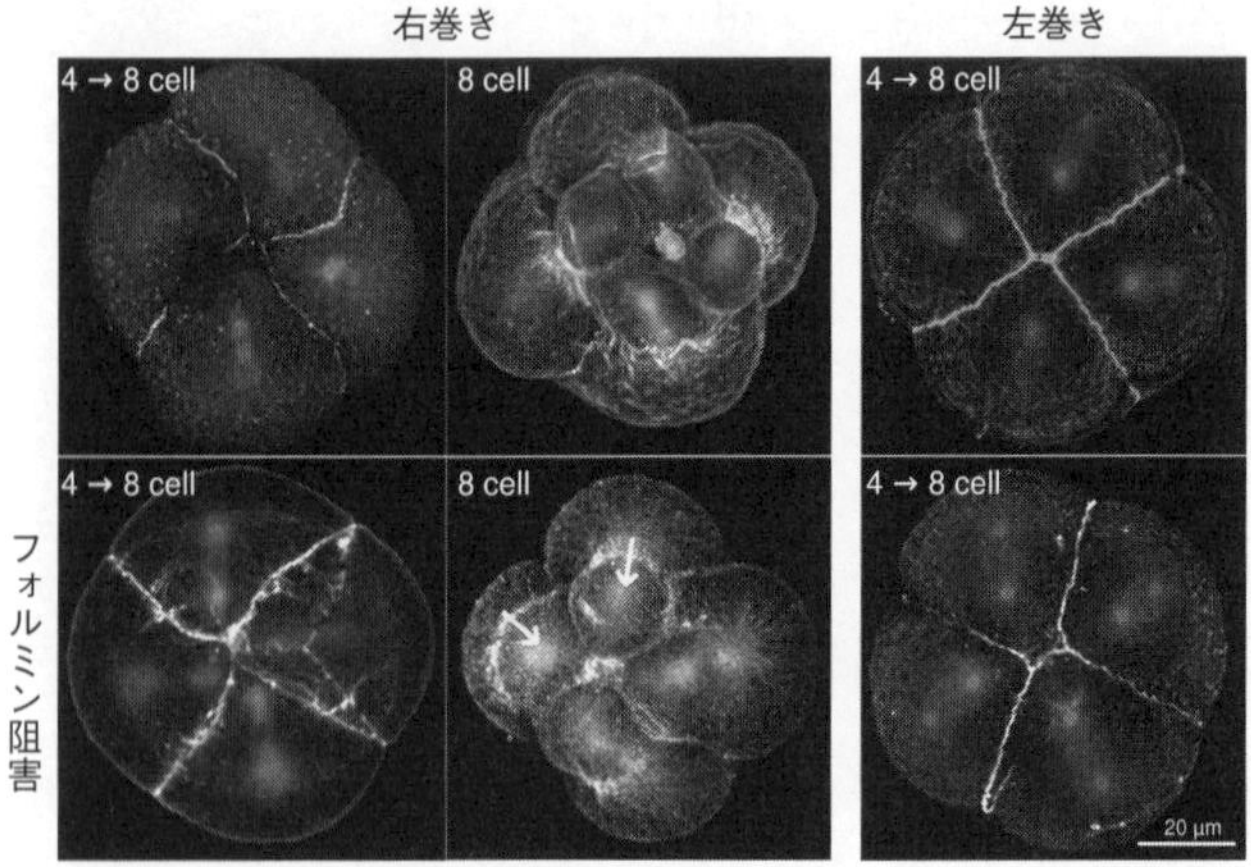

図2-2 ヨーロッパモノアラガイの右巻き（左と中央）、左巻きの胚（右）。下はフォルミンを阻害したもの

Davison et al. 2016 Current Biology 26より（Angus Davison博士の厚意による）

じれを生じ、キラルな性質をもちうることが知られている。しかもこのキラルな分子は、細胞の形を非対称にする。こうした性質は、巻貝の卵割で見られる細胞の形や捻じれた配置とよく符合する。

その後、黒田博士らがゲノム編集技術を使って、*Ldia2*遺伝子の機能を奪うと左巻きになることを確認し、デビソン博士らの発見を裏付けた。とはいえ、まだ解決していない問題は多い。たとえば、フォルミンの働きが阻害されたとき、なぜ最終的に左巻きになるのか。つまりこの場合、二回目の卵割後の細胞の配置は左右対称だった。それがなぜ次の卵割後、左向きに捻じれだすのか。これも細胞内の分子がもつなんらかの物理化学的な性質の仕業と考えられるが、その詳細な仕組みは不明である。

ミクロとマクロ

北斗神拳を伝承するケンシロウの必殺技は、体の外からは見えない相手の秘孔――体内の急所を攻撃することである。だが内臓逆位の聖帝サウザーに、この攻撃は無効なのだ。天敵ケンシロウの攻撃は、サウザーの左右反転した秘孔に対し、むなしく的を外し続けるのである。

内臓逆位が体の外に現れた巻貝にとって、多数派と左右が逆転した体は、天敵の攻撃に対し有利になる。カタツムリを捕食するイワサキセダカヘビは、多数派である右巻きの貝を襲うのに最適化した口と歯の形を持つ。ヘビはこの特殊な武器を使い、右巻きの貝の急所を攻略して殺してしまう。ところがこのヘビの必殺技は左巻きの貝には効かない。そのため、このヘビの生息地では、生存に有利な左巻きの種類が進化する。同じ例は淡水巻貝にもある。ガムシの幼虫は、多数派である右巻きのモノアラガイ類を襲うのに適した左右非対称な大顎を持つ。そのため左巻きの種や変異は、ガムシの攻撃に耐性を持つのである。

かくして巻貝の世界にサウザーが進化する。最もミクロな領域——分子の変化は、最もマクロな領域——生態系に波及するのである。

さて、この巻貝の話が、人体の話に波及する。

デビソン博士らの発見には続きがある。驚くべきことに彼らは、カエルの初期胚でも巻貝と同じく、フォルミンの制限や過剰が内臓逆位を引き起こすことを、実験によって示したのである。さらに、マウスのフォルミン生成遺伝子の転写産物をカエルの胚に注入すると、やはり内臓逆位が起きた。デビソン博士はこう論文に記した。

「全く別の動物に見られる体の左右非対称性が、共通の細胞内キラル分子に由来する可能性がある」

胚の窪みの繊毛がマウスや人体の左右を決める前に、もしかしたらもっとミクロなレベルで体の左右は決まっているのかもしれない。そしてその引き金を引いているのが、巻貝と共通の細胞内キラル分子かもしれないのである。

このようにマクロなレベルに波及して、体の左右を決めるキラル分子といえば、それは前述したF分子だ。この細胞内キラル分子がF分子なのか。もしやフォルミンが、あらゆる動物でこのキラル分子の生成に関わる根源なのか？

本当ならとてもシンプルで見事な結末だが、生憎《あいにく》自然はそう期待通りにはできていない。デビソン博士らの発見にはもう一つ続きがあって、思いがけない落とし穴を見つけていた。淡水巻貝のサカマキガイなど、常に左巻き（左巻きがデフォルト）の種類では、フォルミン生成遺伝子に異常はなかったのだ。さらに陸貝――カタツムリの巻き方向も、この遺伝子とは無関係だったのである。同じ巻貝であるにもかかわらずだ。何か共通の細胞内キラル分子があるとしても、そこから最終的に体の左右を作るルートは一つではないのである。

＊　＊　＊

いかなる皇帝にも、その力を与えるのに尽くした誰かがいるように、いかなる進化学上の発見にも、それを支えた数多の研究者が存在する。発見が導かれた過程にも目を向けてみるとよい。そうすれば、発見はたいてい過去の無数の研究の積み重ねと、未知の世界への誘惑と、何気ない誰かとの出会いと、ちょっとした偶然の連鎖から導かれることがわかる。発見が世界から謎を減らしはしないこともわかるだろう。一つの発見、一つの謎の解決は、沢山の新しい謎を導く。ゴールは出発点なのである。

第3章 ひとりぼっちのジェレミー

孤独なカタツムリの物語

「たいがいのことはそれなりだけど、これだけは悲しすぎる。愛を奪われた僕は、まんじりともせず夜を明かしたよ。そしてわかったんだ。何かがライト（right）じゃないって」

〝僕〟の名前はジェレミー（Jeremy）。そしてこれは、シカゴ在住のアーティスト、リディア・

ヒラー（Lydia Hiller）作詞作曲、『悲しいジェレミーに捧げるバラード』の一節を訳したものだ。歌詞は、さらにこう続く。

「その何かって、僕の殻が左巻きってことなんだ」

〝僕〟――ジェレミーは、カタツムリなのである。

ことの始まりは二〇一六年秋のこと。十月半ばの金曜日の朝、英国ノッティンガム大学の広報室が、奇妙な報道発表を行った。それは市民に向けた、こんな呼びかけだった。

「孤独な左巻きのカタツムリが、愛と遺伝学のため、お相手を探しています」

恋人を募集しているのは、ジェレミーと名付けられた直径三センチほどの茶色のカタツムリ。食用になるエスカルゴの一種、ヒメリンゴマイマイであった。この種は英国ではガーデン・スネイルと呼ばれ、英国はもとより、ヨーロッパで普通に見られるカタツムリだ。ただし、ジェレミーは普通《ライト》でない特徴を持っていた。殻が左巻きなのである。ヒメリンゴマイマイは普通右巻き《ライト》だが、百万匹に一匹の確率で、左巻きが見つかる。ジェレミーはそんな超レアなカタツムリなのだ。

「私たちは、ジェレミーのお相手として、他にも左巻きのガーデン・スネイルがどこかにいないか探しているのです」

ノッティンガム大学広報室は、ジェレミーの恋人募集の理由と意義を、その報道発表の中でこう解説した。

「左巻きのカタツムリは、右巻きのカタツムリと体の作りが全て左右逆転しています。ガーデン・スネイルの場合、体の左右が逆の相手とは、交尾ができないのです。だからここに一匹しかいない左巻きのジェレミーは、誰とも交尾ができず、子供ができません。しかし、もし他に左巻きのガーデン・スネイルが見つかれば、それと交尾ができて子供が生まれるでしょう。左巻きの子孫ができて、左巻きの系統が確立できれば、それを使って殻の巻き方が決まる遺伝的な仕組みを解明できるのです。これは巻貝だけでなく、人間の体の左右を決める仕組みとその進化を知ることにもつながります」

百万匹に一匹のガーデン・スネイル

話はその半年前にさかのぼる。ノッティンガム大学のアンガス・デビソン博士は、淡水巻貝ヨーロッパモノアラガイの、殻の巻き方を決める仕組みを解明し、論文として発表した。この巻貝の殻の左巻き、右巻きは、*Ldia2*という遺伝子が作るフォルミンというタンパク質が、受精卵の細胞を形作る分子に働きかけることで決まる。ヨーロッパモノアラガイの場合、右巻きがデフォルト（標準）であり、*Ldia2*遺伝子の機能が損なわれると、殻は左巻きになるのである。

ところが、すぐにデビソン博士は問題に直面した。陸生巻貝――カタツムリの右巻き左巻きは、同じ巻貝なのに、*Ldia2*遺伝子の変化では説明できなかったのである。

では、カタツムリでは、巻き方向や細胞内の分子構造に作用する遺伝的な仕組みは、どうなっているのだろう。

これを調べるには、研究材料としてゲノム研究が進み、遺伝情報の多くが明らかにされている種類のカタツムリが必要だ。この条件に合致するのが、ガーデン・スネイルことヒメリンゴマイマイである。だが残念ながら、ヒメリンゴマイマイはすべて右巻きだ。左巻きのヒメリンゴマイマイがなければ、巻き方向を決める遺伝子を調べることはできないのだ。

そんな矢先、デビソン博士の知人が、ロンドン南西部にある畑の堆肥の山の中から、偶然にも一匹の左巻きのヒメリンゴマイマイを見つけ出したのである（図3-1）。だが彼を交配させて子供を作り、遺伝子を調べるためには、もう一匹他に左巻きの個体が必要だ。どうやってもう一匹を手に入れよう。百万匹に一匹の確率である。

そこでデビソン博士は一計を案じた。市民の協力を仰ぐのである。大学の広報室に話をもちか

図3-1　ジェレミー（Jeremy）〈上の個体〉
写真はAngus Davison博士の厚意による

け、より多くの関心を集めてより多くの協力者を得るために利用したのが、〝左巻きゆえに恋人ができない、ひとりぼっちのガーデン・スネイル〟というストーリーだ。名前はジェレミー。左派の中心的な政治家で英国労働党党首の、ジェレミー・コービン（Jeremy Corbyn）から採った名である。これにはコービンの趣味がガーデニングであることも掛けている。

デビソン博士は、社会の関心を高めるためにSNSも活用した。#snailloveというハッシュタグをつけて、ツイッターに協力を呼びかけるツイートを投稿したのである。

こうしてノッティンガム大学広報室から、孤独なジェレミーのお相手探しの第一報が伝えられると、早速メディアの注目を浴びることになった。翌朝、デビソン博士はジェレミーを連れてBBCラジオ4のスタジオに乗り込み、人気ニュースワイド番組、トゥデイ（Today）に生出演すると、彼のお相手探しが遺伝学にとっていかに重要かを訴えた。ちょうどデビソン博士へのインタビューが終わった時、それまで元気にスタジオのテーブルの上を這い回り、愛嬌を振りまいていたジェレミーが、司会者の腕に這い上がるという〝事件〟が起きた。驚いて払いのけようとする司会者に対し、スタジオに同席していた政治解説者があわてて「潰すなっ！」と叫ぶ一幕もあり、この話題は英国中に一気に広まった。

一躍人気者となったジェレミー。目的を果たすためには手段を選ばぬデビソン博士は、ジェレミーを連れてテレビのバラエティ番組にも出演し、左巻きのガーデン・スネイルを見つけて欲しいと呼びかけた。話はすぐに英国から欧州全域に拡がると、北米にも飛び火、大評判となり、最終的に世界で十九億人が、ジェレミーのニュースを耳にしたという。

恋の行方

発見の知らせは、その二週間後だった。英国南部のイプスウィッチに、一匹の左巻きのヒメリンゴマイマイがいるという知らせがデビソン博士のもとに届けられたのだ。ジェレミーはすぐに、このレフティ（Lefty）と名付けられた左巻きと引き合わされた。彼らのロマンスの進行状況が、BBCニュースで報道され、その成り行きに世界の注目が集まった。ノッティンガム大学広報室は、カップル成立が期待できる状況であることを発表するとともに、ヒメリンゴマイマイの求愛行動と交尾の仕組みについて解説した。

「交尾の際には、恋矢《れんし》（love dart）と呼ばれるカルシウム性の鋭く尖った剣を、互いの体に打ち込みます」

また広報室は、背景にある問題――体の左右を決める遺伝的な仕組みについて、説明を繰り返すことを忘れなかった。

だがジェレミーとレフティの恋愛は、〝いい感じ〟にはなるものの、なかなか交尾までは至らない。そんな折り、スペインのマヨルカ島で新たにもう一匹、左巻きのヒメリンゴマイマイが見つかり、ノッティンガム大学に送られてきた。トメウ（Tomeu）と名付けられたその左巻きは、スペイン料理店の鍋の中から、調理される寸前に救出されたものであった。さっそくトメウもジェレミーたちに引き合わされた。さてジェレミーの恋の行方はどうなるのだろうか。

それからおよそ六ヵ月後。ノッティンガム大学広報室は、この恋の意外な結末を伝えた。BBCを始め主要なメディアがこれを速報した。その発表は、ジェレミーを応援する世界中の人々を落胆させるに十分なものだった。

「ジェレミーは振られてしまいました。そのかわり、トメウとレフティが互いを気に入りカップルとなりました。この二匹は交尾を行い、その結果これまでに百七十匹の子供が生まれました。なお現在ジェレミーは、休眠のため低温室に収容されています」

広報室は発表の中で、生まれた子供たちはすべて右巻きであったことを明かした。そしてこれは殻の巻き方向が、トメウ、レフティたちの母親の持つ遺伝子を反映するためであり、この子供たちの次の世代で数多くの左巻きが得られるだろう、と説明した（その仕組みについては後述する)。

「トメウは二度卵を産み、レフティは一度卵を産みました。カタツムリは同一個体が雄の器官と雌の器官をともに持つ雌雄同体なので、一匹が同時に父親にも母親にもなるのです」

広報室が付け加えたこの解説は、どちらも卵を産める、と改めて知った人々にちょっとした動揺を与えた。またこれは一部の人々の間でジェンダー論争を引き起こした。

ちなみにデビソン博士は、ジェレミーの代理人としてＢＢＣのインタビューに答え、「恋は、相手を友人に会わせたことで終わる。よくあること」と語っている。

求愛と交尾

ところでヒメリンゴマイマイの場合、なぜ巻き方向が逆、すなわち体の左右が逆の相手とは、交尾ができないのだろうか。

彼らの交尾は出会ってまず、互いの触覚を触れ合わせたり、体を齧《かじ》り合ったり、円を描きつつ互いの周りを這ってみたりと、複雑な求愛のディスプレイから始まる。次に互いに向かい合い、互いの生殖口を近づける。生殖口は、右巻きなら首の右側、左巻きなら首の左側にあるので、向かい合って少し頭を交差すると、互いの生殖口を接することができる。このとき、細長くて先端が尖った石灰質の硬い器官——恋矢を、互いの体に打ち込む。そして互いの交尾器を生殖口に挿入、精子の入った精包を交換する（図3-2）。このとき恋矢は、相手に渡した精子の受精率を高める役目を果たす。

殻の巻き方向が反対で体の左右が逆の個体は、生殖口の位置も反対側にある。だからそのような個体と交尾しようとすると、生殖口の位置が合わないので交尾ができないのである。また、左右が逆の個体間の求愛ディスプレイは、うまく交尾に導けない可能性もある。

ただしカタツムリの中にも、ポリネシアマイマイのように、右巻きと左巻きが交尾できる仲間はいる。これは交尾のときに互いに向かい合わずに、一方が他方の背に後ろから乗って交尾をするような種類や、生殖口の位置に応じて交尾行動を柔軟に変えることのできる種類である。また交尾相手が見つからない場合には、自殖といって、交尾をせずに一匹だけで子供を産める種類もいる。だが、ヒメリンゴマイマイにはこのような性質が無いのである。

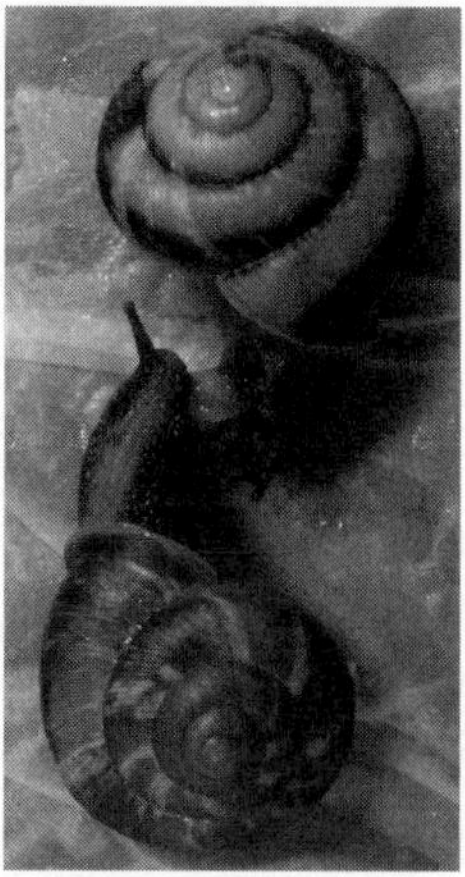

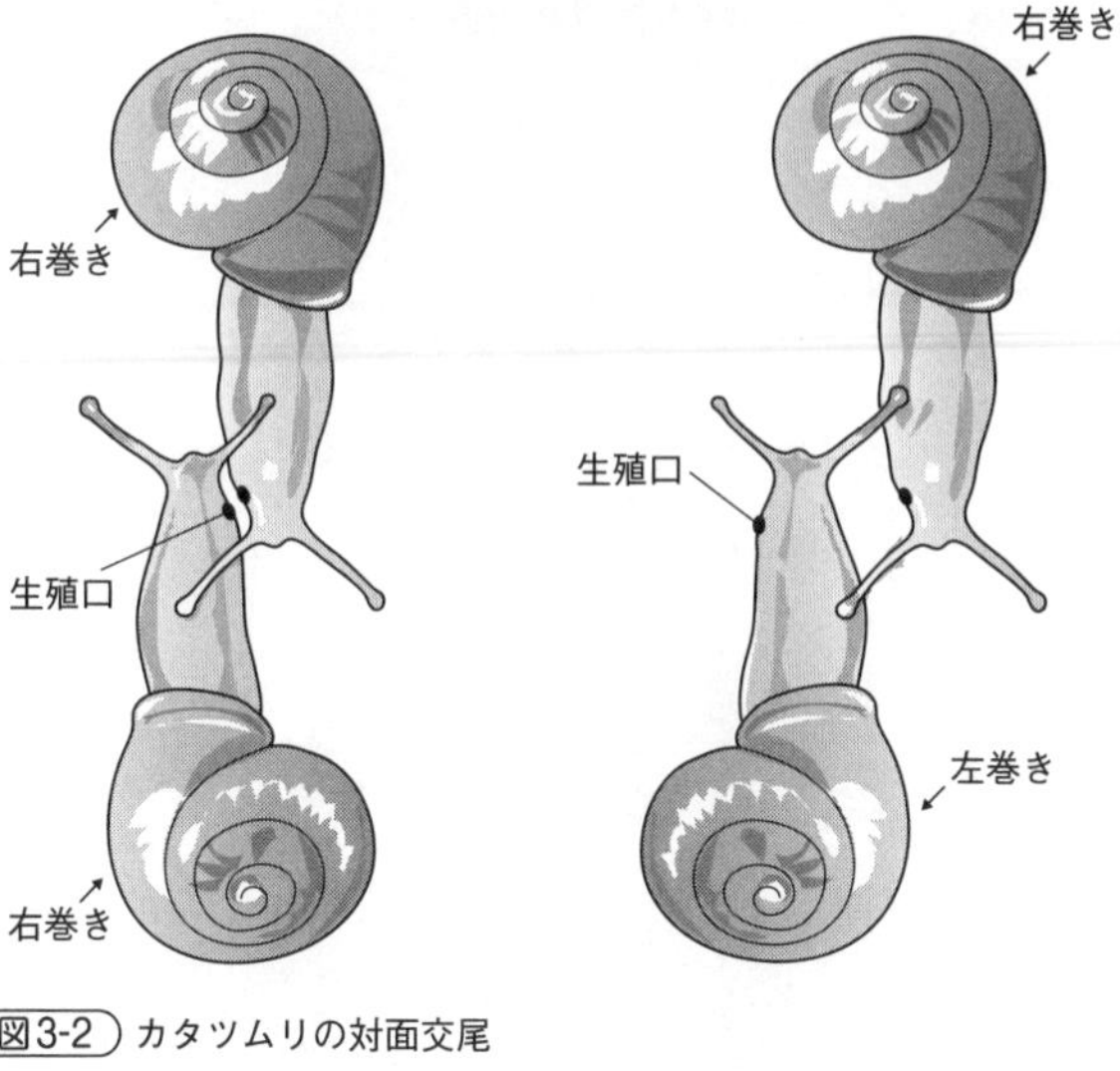

図3-2　カタツムリの対面交尾
巻き方向が反対だと生殖口も反対になるので交尾がうまく成立しない。写真はセトウチマイマイの交尾

種と愛

さて、三角関係に敗れたジェレミーには気の毒ではあるが、結果的にデビソン博士のもくろみは成功し、目的としていた左巻きの系統を確立するための素材を、十分に確保することができた。これは市民の協力が科学に重要な貢献を果たす良い例である。一方、この話題を通じて市民の中に沢山の進化学ファンが生まれた。市民にも、背景にある進化学の重要な課題が広く知られることになったのだ。ひとつは、体の左右の非対称性が進化する仕組みについて。そしてもうひとつは、生物の新しい種がどのように進化するのか、という問題についてである。

種とは何か、という問いに答えるのは、愛とは何か、という問いに答えるのと同じくらい難しい。たくさんの答え、たくさんの定義があるからである。だが、「新しい愛が芽生える」、と言うとき、愛は恋の意味に限定される。これと同じく「新しい種ができる」、と言うとき、種の意味はひとつに限定される。互いに交配できる個体からなる集団で、かつ他の集団に属する個体とは交配できない集団のことである。

もちろんこの種の定義は、有性生殖をしない生物には適用できない。そもそもすべての生物に、矛盾なく実用上の問題もなしに適用できる種の定義は存在しない。とはいえ有性生殖をする多細胞生物で、最も多くの場面で種の定義として採用されているのは、この生物学的種と呼ばれる定義である。こうした生物で、新しい種ができることを、種分化とか種形成と呼ぶが、これは集団を他の集団から生殖的に隔離する性質が進化することなのである。

さてジェレミーら左巻きのヒメリンゴマイマイは、右巻きの仲間たちとは交尾ができない。ということは、彼らは右巻きとは生殖的に隔離されていて、別の種だ、ということになるのだろうか。いや、話はそう簡単ではない。なぜなら、殻の巻き方向を決めるのは、母親の遺伝子だからだ。殻が左巻きということは、母親が左巻き遺伝子しかもたなかった（ホモ接合）ことを意味する。しかし自分自身の遺伝子には、父方由来の右巻き遺伝子があるかもしれない（ヘテロ接合）。その場合、右巻きが顕性（優性）だから、産んだ子供は右巻きになる。実際、トメウとレフティの子供たちは全て右巻きだった。つまり子供たちの世代では、生殖的隔離が消えるのである。だからトメウとレフティは左巻きだが、右巻きの子供たちとは別の種ではない（図3-3）。

左巻きが再び現れるのは、トメウ・レフティの子を交配させて得られた孫の世代である。だが、この段階でも右巻き遺伝子をもつ左巻きが一定の割合で含まれるので、この左巻きも別種ではない。殻の巻き方も自分の遺伝子も、ともに左巻きの個体だけからなる集団――つまり完全に

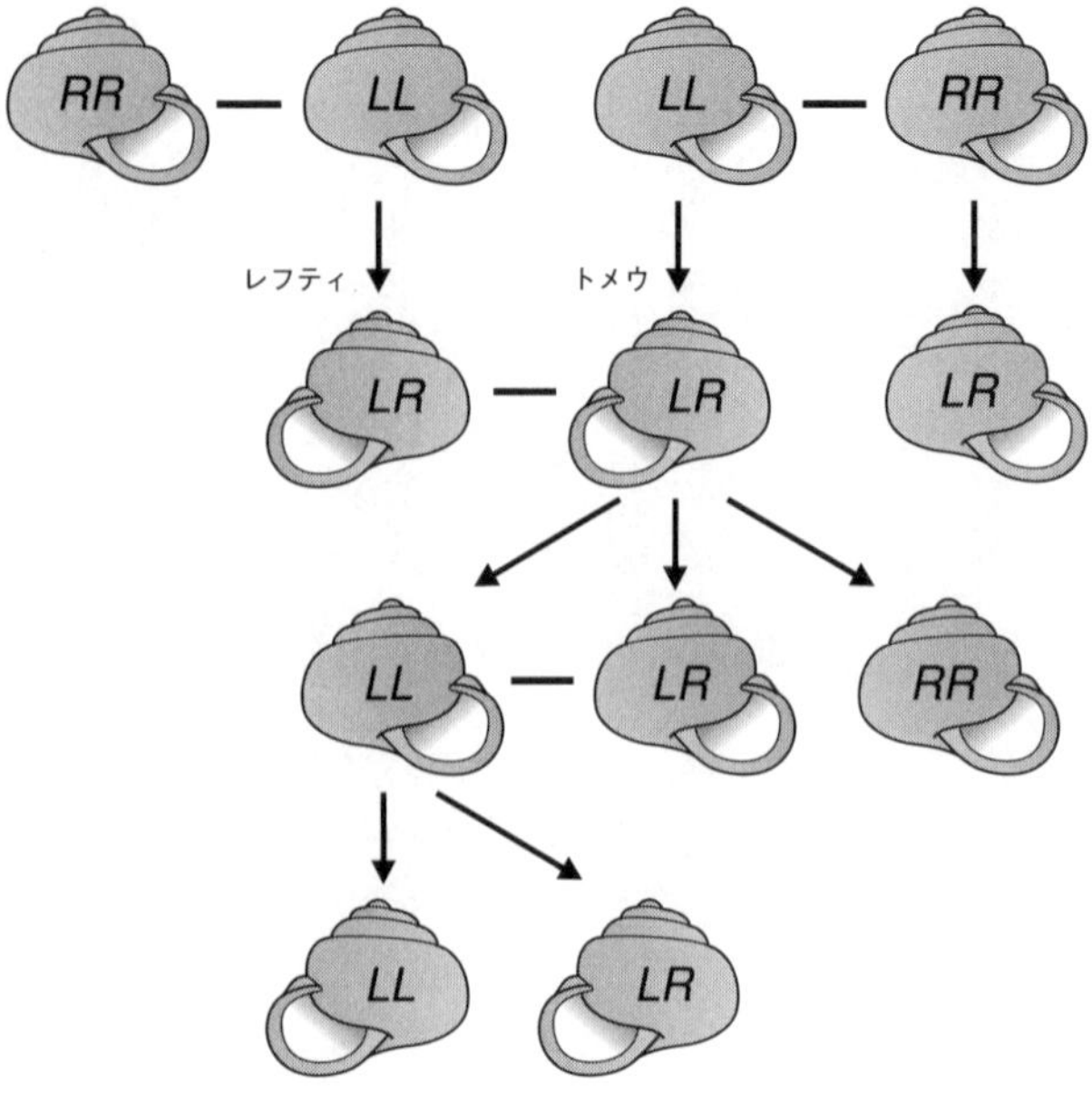

図3-3 右巻き遺伝子と左巻き遺伝子はどのように働くのか

別種の集団を作るには、左巻きだけを選んで交配させる操作を何世代か繰り返さなければならないのである。

たったひとつの変化で

有性生殖をする生物では、放精放卵または交尾を経て卵と精子が受精し、両親の遺伝子が組み合わさって次世代に受け継がれる。これが交配である。だから遺伝子をＤＮＡの塩基配列のコードによる情報と見なすなら、交配とは、異なる情報のやり取りと組み合わせのこと、つまりコミュニケーションということになるだろう。この荒っぽいアナロジーに従うと、生殖的な隔離とは、相手とコミュニケーションが取れないこと、例えば会話が通じないとか、ソフトウェアの互換性がないということに対応する。この場合、種分化とは、特定のグループに属する相手とは使用する文法やアルゴリズムに違いを生じて、意思疎通や情報交換ができなくなる過程に対応する。

進化学者は生物の同定や分類、ゲノム情報を利用した機能遺伝子の探索などの用途に、機械学習を利用することがある。その時によく使うプログラミング言語が、Pythonである。これまで何度もバージョンアップされてきた言語だが、Python2からPython3にバージョンアップされたとたん、Python2シリーズとの間に互換性が失われた。たった一回の変化で〝種分化〟が起きたわけだ。さて生物ではどうだろうか。

異なる種はいきなり出現するのではなく、中間型を経て徐々に分化する――このダーウィンの考えは、二十世紀初頭には支持を失い、代わって種分化は、形などを劇的に変化させるたった一回の突然変異によって跳躍的に起きる、という考えが広く支持されるようになっていた。

だが一九三七年、現代の進化生物学の基礎を築いたセオドシウス・ドブジャンスキーは、ひとつの遺伝子に一回だけ突然変異が起きても種分化は起きないこと、その代わり相互作用のある複数の遺伝子で、段階的に突然変異が起きるなら、種分化は容易に起きることを理論的に示した。

ドブジャンスキーが否定して以来、それまでの一回の突然変異による跳躍的な種分化、という考えは支持を失った。ところが、盤石に見えるこのドブジャンスキーの理論を脅かす存在があるのだ。それがたったひとつの遺伝子で左巻きと右巻きが決まるカタツムリである。もし人間の手ではなく自然のプロセスで、トメウやレフティの子孫が常に左巻きだけからなる集団を作ることができれば、巻き方向を決めるたったひとつの遺伝子の変化で種分化が起きたことになる。二十世紀後半以来、この可能性を巡り、肯定派と否定派の間で論争が繰り広げられてきた。

この種分化を巡る論争は、カタツムリの巻き方向を決めている遺伝子は何か、という問題と深く関係している。なぜなら論争に決着を付ける鍵が、この遺伝子にあるからだ。その正体を突き止めれば、遺伝子の変化の過程を追って、巻き方向の違う集団がどのようにできたか突き止めることができるのだ。そもそもデビソン博士を、巻き方向が決まる仕組みの研究に誘い、さらには人間の内臓逆位に関する論争にも参入させる契機となったのは、実はこの種分化を巡る論争だったのである。一見、その研究とは何の関係もないように見える研究が、それを導く契機になっていたり、共通のストーリーから派生していたりすることは、そう珍しいことではない。

孤独なジェレミーの恋歌の背後には、ダーウィン以来百五十年に亘って続くバトルと、研究者達の交流で結ばれたストーリーが、底流として響いているのである。

永久なるジェレミー

二〇一七年十月十二日、ノッティンガム大学広報室は、左巻きのカタツムリを巡る最後の報道発表を行った。

「百万匹に一匹のガーデン・スネイル、ジェレミーが亡くなりました。昨日デビソン博士によって、その死亡が確認されました」

ジェレミーの死を伝えるニュースは、BBCを始め世界の主要なメディアで速報され、多くの人の悲しみを誘った。ニューヨークタイムズと米科学誌サイエンスは、ジェレミーの死を悼む記事を掲載した。

だがニュースは悲しみの後に、少しだけ心温まる情報を付け加えた。ジェレミーが死ぬ直前、トメウが産んだ卵から五十六匹の子供が孵化したのだが、実はそれはジェレミーとの交尾を経て生まれた、ジェレミーの子供たちだったのである。ジェレミーは卵を産むことはなかったが、父として自らの子を残したのだ。彼の子供たちも全て右巻きだった。

最後の発表の中でデビソン博士は、市民への深い謝意を述べるとともに、こう語っている。

「ジェレミーにとってこれは最期の時ですが、私たちにとってこれは、まだ長い遺伝子探究の旅の中継点にすぎません」

そして広報室の発表の末尾は、次のように結ばれている。

「ジェレミーの殻は、大学の自然史資料室に保管されています。今後はこの稀な遺伝的変異について学ぶための教材として、学生教育に役立てられることでしょう」

第4章 進化学者のやる気は謎の多さに比例する

研究者との会話

黒潮が洗い、太平洋の荒波が打ち寄せる四国・高知の海岸は、サーフィンを愛する人々の楽園である。綺麗な砂浜には高く形の良い波が立ち、その向こうに碧い海原が広がる。そんな絶好のサーフポイントのビーチから歩いて二十分ほどのところに、三浦収《おさむ》博士の研究室がある。

私が訪ねたのは高知大学。海洋学系の学部があるキャンパスだ。ここの准教授で気鋭の研究者、三浦収博士に巻貝の進化について話を聞くためである。研究者との会話は、たいてい注目を集めている国内外の研究の話題から始まる。私はアンガス・デビソン博士が解明したヨーロッパモノアラガイの左巻き・右巻きの遺伝的な仕組みの研究について感想を求めた。すると三浦博士は、丁寧な口調で、

「素晴らしい発見だと思います。殻の巻き方という大きな変化が単純な仕組みで説明できるというのは魅力的です。でも、他の巻貝ではもっと色々な遺伝子が関わった複雑なシステムになっている可能性がありますね」

と答えた。

その物腰は柔らかで礼儀正しく、端正な風貌に、穏やかさと誠実さを漂わせている。三浦博士は海洋生物学者であるとともに進化学者でもある。進化学者としてのミッションのひとつが、カワニナの進化の研究だ。カワニナとは川や池に棲む細長い巻貝で（図4-1）、ホタルの幼虫の餌と聞けば思い当たる人は多いだろう。

「面白いカワニナがあるんですよ」

そう言って三浦博士は、共同研究者が見つけたという、左巻きのカワニナの標本を見せてくれ

図4-1 カワニナ

た。それは幼貝の標本で、ちょっと形がいびつだが、確かに普通とは逆の左向きに殻が巻いている。

「このように成長途中で死んだもの以外、左巻きのカワニナはほとんど知られていません」

さて、いったいなぜカワニナは、左巻きの個体が進化しなかったのだろう。

満点は創造性の敵

先に、進化について現在の生物学の立場から改めて説明しておこう。生物の進化とは、世代を超えて受け継がれる性質や情報に起きる変化のこと、そして変化の歴史のことである。生物個体に代々受け継がれる情報の単位——これが進化生物学における遺伝子の意味だ。進化には様々なプロセスが関わるが、そのうち特に重要なものが、突然変異、自然選択（自然淘汰）、そして遺伝的浮動である。

突然変異は、遺伝子の本体——ＤＮＡの塩基配列や、ＤＮＡを収納する染色体に起きるランダムな変化である。ＤＮＡを文章に、塩基を文字に例えるなら、文章をコピーしようとした時に起きるうっかりミスが突然変異だ。文字の写し違い、行の削除、同じ行の重複などのエラーである。

重要な機能を司るDNAの領域にエラーが起きると、生物は正常に育たない。だからそのエラーは子孫に伝わらない。だが重要でない領域の場合や、エラーの悪影響が小さい場合には、変化したDNAをもつ個体は育って繁殖し、それを子孫に残す。その結果、子孫の集団に、他と異なるDNA――遺伝子をもつ個体ができる。またそれが発現したものとして、他と性質が異なる個体ができる。このようにして集団にもたらされる遺伝子または性質の変異が、遺伝的変異だ。

突然変異は生きるのに不利な性質だけでなく、偶然新しい有利な性質も作り出す。いわばイノベーションの素材作りである。複製ミスばかりの遺伝子に真っ当な役目は果たせない一方で、決して複製の仕事にミスをせず、常に百点満点の遺伝子に、何か新しいものを創造することはできないのだ。

突然変異によって集団にもたらされた遺伝的変異のうち、生き残ることや子供を作るのに有利な変異は、次世代に、より多く自らのコピーを残すことができる。そのため、世代の経過とともに、こうした増殖や生存に有利な変異が集団中に広まる。この過程が何世代も繰り返されることによって、よりいっそう有利な変異が広まり、個体の性質もさらに有利なものへと変化する。これが自然選択だ。このプロセスの積み重ねにより環境への適応が進む。

ただし、どの変異が有利になるかは環境によって変わる。たとえば魚のグッピーでは、雄の派手なオレンジ色の体色は雌に好まれる。だから地味な色の雄は子孫を残すうえで不利である。ところが天敵の魚が現れると、オレンジ色の体色は目立って狙われやすいので、逆に地味な雄が有利になる。刻々と変化していく環境の中では、どれが有利になってどれが不利になるかは、事前には誰にもわからない。どの変異が役に立つかは、後にならなければわからないのである。

この変化する環境下での自然選択による適応の過程は、イノベーションの素材＝「知」を選び出し、組み合わせて洗練させ、役立つ新技術や売れる新商品に変えていく過程と似ている。だから、どんなに開発にお金をかけても、多様な「知」がなければ、新しい技術は生まれないのと同じで、どんなに強い選択がかかっても、多様な遺伝的変異がなければ、環境への新たな適応は生じない。それどころか強すぎる選択は、変異をどんどんそぎ落とすので、多様性が失われ、進化は止まる。

ただし集団中の変異は、たまたま子孫を残さなかったり、たまたま子孫が多く生まれたりすることでも、その存在比率が変化する。この場合、必ずしも有利なものが増えるとは限らない。偶然のおかげで、不利なものが生き延びることもあるし、運が良ければ増えることさえある。この偶然による変化が遺伝的浮動である。

進化のプロセスは他にもある。例えば感染などにより、繁殖を経ずに個体間や他の生物間で遺伝子の移動が起こり、遺伝情報の中に組み込まれ、新しい性質の進化に寄与することがある。もう一つ、最近話題なのが、〝獲得形質の遺伝〟だ。ＤＮＡの塩基配列以外で遺伝子発現を制御・伝達するシステム（エピジェネティクス）が環境によって変化し、新しい性質が獲得されると、それが次世代にも受け継がれることがある。また親世代が獲得した性質が、ＲＮＡを介して子世代に伝わることもある。だがそれが進化にどれだけ広く貢献しているかは、まだよくわかっていない。

有利な少数派、不利が有利

さて、では巻貝でどのように左巻きの個体を含む集団が進化するか考えてみよう。もし自然選択が弱く、遺伝的浮動の効果が大きければ、突然変異で生まれた左巻きが運良く子孫を増やして、左巻きだけからなる集団ができるかもしれない。集団の個体数が急に減るような場合には、この効果は大きくなるので、左巻きの集団が進化する可能性が高くなる。

一方、自然選択が強い時はどうだろう。もし右巻きの個体の方が左巻きの個体より生き残りやすい場合には、左巻きの個体は淘汰される。だから、左巻きを含む集団は進化しない。逆に左巻きの個体の方が生存に有利な場合には、右巻きの個体がいなくなる。これらのケースでは自然選択は、最終的に一方のタイプだけからなる集団を進化させ、多様性を奪う。

では自然選択がかかる状況で、右巻きと左巻きの個体がともに存在できるのはどんな場合だろうか。ひとつは、巻き方向を決める遺伝子が、ホモ接合の時よりヘテロ接合の時の方が生き残りやすい場合だ。しかし巻貝では今のところその例は知られておらず、この可能性は低い。

もうひとつは、左巻き個体がある面で、たとえば育ちにくいなどの理由で生存に不利だが、別の面で、たとえばガムシの幼虫のような捕食者の攻撃を受けにくい、という理由で有利な場合である。実際、水生昆虫ガムシの幼虫は、右巻きの貝を壊して食べるのに適した形の顎をもったため、左巻きの貝を上手《うま》く攻撃できない。

そしてもうひとつ。右巻き左巻きのどちらか個体数がより少ない方が生存に有利になる場合である。たとえばより個体数の多いタイプが、捕食者に姿形を覚えられて狙われ、不利になるような場合だ。もし右巻き個体が多くて攻撃される機会が多ければ右巻き個体が減る。一方、あまり狙われない左巻き個体は増える。すると今度は左巻き個体の方が多くなるので、左巻き個体が狙われて減る。シーソーや株価と同じで、増えすぎると減り、減りすぎると増えるため、常に両方のタイプが共存することになる。

自然選択がかかっているにもかかわらず、異なるタイプがともに存在できる状態——つまり多様性が生まれるのは、環境が常に変化して性質の有利不利が変わり、その結果、不利であることが有利にもなる場合、あるいは常に少数派が有利になる場合なのである。

恐らくカワニナに右巻きの個体しか存在しないのは、左巻きの個体が育つうえで何らかの点で不利で、それを上回るメリットを与えるほどの捕食者がいないうえに、偶然左巻きの個体が増えるほどには、集団の個体数が減ることがないからなのだろう。

独自で普遍

「残念ながらカワニナの仲間は、巻き方向の進化の研究には向いていません」

三浦博士はそう断ったうえで、「しかし」と続けた。

「カワニナはとても素晴らしい進化研究の教科書です。その研究から、種分化や、形、生き方の多様化の仕組みについて、数多くの新しい知識を得ることができると考えています」

カワニナの仲間ほど、進化研究にとって価値のある対象は少ない、というのである。

進化を研究する分野という点で、進化学または進化生物学は、生物学諸分野の中で特異な存在である。かつ、あまり目立たぬマイナーな分野だ。ノーベル賞の対象にもならない。にもかかわらず、進化学は生物学のあらゆる分野に関係する普遍的な位置を占める。同様に進化学者、あるいは進化生物学者を自称する研究者は稀だが、生態学者や遺伝学者、発生学者などを自称する生物進化の研究者——進化学者は少なくない。

それは進化学とそれ以外では、生物のなぜ？ という問いが持つ異なる側面を追究しているからだ。例えばタテハチョウ科の蝶は、翅《はね》に目玉のような模様を持つものがある（図4-2）。じっと見つめられている気がして、不気味に思う人がいるかもしれないデザインだ。なぜこれらの蝶の翅には、こんな目玉模様があるのだろうか。

この問いに対して、「*Distal-less*（*Dll*）遺伝子などを中心とした遺伝子群が働くため」、とその形成メカニズムを説くのが遺伝学や発生学である。ところがもしここで、「もともと翅の形を決めたり脚を作ったりする仕事に関わっていた*Dll*などの遺伝子群が、目玉模様を作る用途に転用されたから」、とそのメカニズムが獲得された経緯について答えると進化学（進化生物学）になる。一方、「目玉模様には、鳥などの捕食を回避する機能があるから」、と答えると生態学。そして「鳥などの捕食を回避する機能のメリットによる適応の結果」、と説明するなら進化学になる。

図4-2 蝶の翅の目玉模様。左：ウラジャノメ、右：アオタテハモドキ

このように、生命現象を作りだす直接のメカニズム（至近要因）の解明を目指す生物学諸分野が、問いの射程を延ばし、その現象が存在するに至った理由（究極要因）や経緯に答えようとすると進化学になるのである。

扱う問いにこうした違いがあるとはいえ、進化学者と他の生物学者の間に明確な境界があるわけではない。進化学者は進化を知るためにまず至近要因の解明に取り組む一方、例えば遺伝学者は、どの遺伝子がどんな機能を果たしているか目星をつけるために、先にどの遺伝子領域にどんな自然選択がかかっているかを、塩基配列の変異から推定したりするからだ。至近要因を知るためのツールとして、究極要因――進化を利用する場合もあるのである。

かつてセオドシウス・ドブジャンスキーは「進化を考えなければ生物学に意味はない」と断じた。進化こそ生物がもつ本質のひとつだから、というのがその理由である。この言に従えば、生物学者の大半は、実は何らかの形で進化学者ということになる。

デメリットはメリット

進化学者の興味も色々である。姿形や振る舞いの進化に関心がある人、遺伝子自体の進化を知りたい人、多様性のパターンや、多様な種が進化する仕組みを追究する人、進化の歴史を紐解く人など様々だ。使う手法も実験、野外調査、理論研究と多岐にわたり、なかには新しい研究ツールの開発に挑む者もいる。そして、研究の基盤は生物学のあらゆる分野に及んでいる。むろん研究対象は何の生物でもよい。

　ではなぜ三浦博士の研究対象はカワニナなのか。小川、池、水田など日本中どこにでもいる貝だ。特に目を引くものではない。ホタルの幼虫の餌以上の認識もされていない。

　人との接点が多い哺乳類、鳥類、魚類などの脊椎動物、それに世代時間が短くて実験向きの微生物を始め、植物や昆虫、線虫などでは、モデルになる生物を選び、重点的に研究が進められてきたため、多量の情報が蓄積している。研究者の数も多く、最新のゲノム研究により、全ての遺伝情報を決めて遺伝子の機能を網羅的に理解する研究が進んでいる。だからこれらの情報が活用できる生物群は、研究対象として有利な点が多い。たとえばアフリカの湖に棲む多様性に富む魚種、シクリッドは、進化研究のモデルとして集中的に研究が行われ、画期的な発見が続出している。

　それらに比べると、ごく一部を除き貝類は人との接点に乏しいため、研究者も少なくゲノム研究も進んでいない。貝類の愛好家ならそれなりにいるのだが、そこからプロの貝類研究者に進む者は極めて稀だ。ただでさえマイナーな進化学分野で、注目度が低く研究者も少ない生物群を研究対象にしたりすると、著名な雑誌に論文を掲載することが難しくなり、発表論文の引用率も低くなる。これは研究業績を巡る競争が厳しい、特に若手の研究者にはデメリットである。何よりゲノム情報も乏しい貝類の場合、最新の手法で研究するには、利用できる情報が少なくさらに不利である。

「デメリットはメリットにもなります」

三浦博士は、こうした研究上の障壁を突破できれば、逆に研究者がレアで未知なことが多い分、画期的な発見につながると言う。

「メリットが知られていないこともメリットかもしれませんね」三浦博士は苦笑して続ける。

「まず多様性です。貝類、つまり軟体動物には、タコ・イカなどの頭足類、サザエやタニシ、カタツムリ、ウミウシなどの巻貝、アサリなどの二枚貝、八枚の殻を持つヒザラガイなど、体の構造が大きく違う種類が含まれています。発生様式も種類によって大きく違うので、形づくりの進化の研究には、実は有利な点が多いのです」

貝類の中には、卵から親に似た幼生が孵化してそのまま成長し成体になる種類もあれば、卵からトロコフォア幼生やベリジャー幼生と呼ばれる、親とは似ても似つかぬプランクトン幼生が孵化して、水中をしばらく浮遊した後、変態して成体になるものもいる。陸貝や多くの淡水貝類は前者である。

「軟体動物は海、淡水、陸すべてに棲み、大きく違う環境の境界に棲む種類も多いので、新しい環境に、生物がどのように進出し適応していくのかを知ることができます。例えば海から陸に生物はどう進出したのかを知るためのモデルになります。それから、化石が豊富なことも大きなメリットですね」

貝類は石灰質の殻に覆われている種類が多いので、化石に残りやすい。時には殻だけでなく、蓋や軟体部さえ残っていることもある。貝類の化石は一般に、海洋と湖沼の堆積物や、陸上の砂丘、洞窟等の堆積物から産出するが、稀に樹脂が固まってできた琥珀《こはく》の中に封入された状態で見つかることもある。例えばアイダホ大学の平野尚浩《たかひろ》博士らは、東南アジアで産出した白亜紀の琥珀から、多彩な陸貝化石を見つけたと報告している。これは殻の表皮や表面の微細な毛に加え、軟体部や糞まで残っている。

ではこうした貝類の中でも、特にカワニナのメリットとは何だろう。

「何より、カワニナは謎だらけなのです。謎の多さこそ、カワニナの最大の魅力です」

進化学者にとって研究を進める唯一の動機は探究心である。彼らの目的は謎を解くこと、そして新しい発見をすることだ。目の前のたくさんの謎は、進化学者にとって何よりの御馳走であり、活動のエネルギー源であり、やる気の元である。彼らは進化の謎を解き、進化の秘密を発見し、それを「知」の体系のなかに位置づける。そしてそのことを人々に伝え、確認し、意見を問うために論文を発表するのである。

カワニナ類の謎

「細胞に含まれる染色体の数や形は、生物の種ごとに一定なのが普通です」

体細胞には形や大きさが同じ染色体が２本ずつ含まれている。その一方は父方から、もう一方は母方から由来したもので、なかにはＤＮＡが折りたたまれている。三浦博士が言うように、その形や数は種ごとに決まっていて、たとえばヒトでは染色体が23対（46本）、チンパンジーは24対（48本）である。それぞれ対応する対の染色体の形も、ヒトとチンパンジーで違いがある。また、ヒトでは突然変異によって染色体の数や形、構造が変わると、ほとんどの場合、重い疾患を引き起こす。

「カワニナの仲間では、種が違うと染色体の数が大きく違うことが多いのです」

カワニナ類では、昔から染色体が注目され、研究が行われてきた。その数は7対から20対と様々で、種ごと、あるいは集団ごとに大きく数が異なる場合が多い。染色体の数や形、構造などが違っている個体間では、交尾しても正常な受精が行われにくいうえ、その後の細胞分裂にも異常が起き、胚発生が上手くいかないのが普通である。そのため、こうした染色体の構造的な変化が、カワニナ類の種分化と関係しているのではないかと考えられてきた。

「ところが驚くべきことにカワニナの仲間では、同種の同じ集団の中で、染色体の形が個体ごとに違っている場合があります。しかも染色体数が異なる集団が交雑して、雑種ができたりしているようです。これは生物学の常識に反する奇妙な現象です」

いったいなぜカワニナの仲間はこれほど染色体の型が多様なのだろうか。またなぜ、その数が種ごと、集団ごとに違うのだろうか。そして染色体の型が違う個体の間で交配ができるのなら、そんなことができる仕組みはいったいどのようなものなのだろう。三浦博士はこう続ける。

「カワニナ類の謎はまだまだたくさんあります」

日本には十八種のカワニナ類が生息する。このうち十五種が琵琶湖とその周辺の水系だけに棲む。残りの三種のうち一種が日本全国に棲む普通種カワニナ（*Semisulcospira libertina*）だ。なぜ琵琶湖にだけ、これほど多くの種のカワニナ類が棲んでいるのだろう。

「その異常ともいえる形の多様さは、本当にミステリーです。実は、これらの琵琶湖のカワニナ類が、本当にそれぞれ別の種と呼ぶべきものなのかどうか、それすらよくわかっていなかったのです」

琵琶湖のカワニナ類は、形の違いから種が区別されてきた。だが、これらが生殖的に隔離された種なのかどうか、きちんと確かめられていなかったのだ。しかも同じ種に分類される個体に、幅広い変異があり、どの種に同定するべきか、頭を悩ませる個体も多い。

「そもそも日本全国に棲む普通種カワニナさえ、本当にひとつの種なのかどうかわかっていません。地域ごと、場所ごとに遺伝的な分化も進んでいるので、実はそのなかには別の種として区別するべきものが含まれているかもしれません」

闘いの末に

「カワニナ類の研究を始めて十年以上たちますが、やっと納得できる成果を世に出すことができました」

三浦博士はオフィスの机上に置かれたモニターを私に示した。そこには発表したばかりの論文が映し出されている。

「まだまだわからないことだらけです。でも、ようやく謎の正体が少し見えてきて、その尻尾をつかめそうな状況です。これからが謎解きの本番ですね」

大学院生の時にカワニナの研究に着手して以来、その工程は容易《たやす》いものではなかったという。

「何度か、もうカワニナの研究はやめようかと思いました」

苦労の末にその論文が発表できたのは、謎の多さが情熱を掻き立てたこと、そして支えてくれた周囲の人々のおかげ、と謙虚に語る。

三浦博士のカワニナ研究に対し、常に厚い障壁として立ち塞がってきたのは、冷徹な批判を加え続けた海外の研究者だった。その研究は、彼らの鋭い批判との闘いでもあった。いや、闘いの相手はそれだけではない。三浦博士の研究を支えてきた共同研究者も、実は手ごわい批判者であった。

私は三浦博士の話に耳を傾けた。それは十年以上にわたる厳しい、しかし創造的なバトルについての話だった。

第5章 進化学者のやる気は好奇心の多さに比例する

地味で目立たぬ生き物

休耕田が目立つ町外れ。県道沿いを流れる小川。大きなバケツを手にした人々が川岸の一角に集まり、賑わいを見せていた。道端に立てられた立派な看板には、「ホタルで守ろう大切な自然」と書かれている。ホタルを増やすため、餌のカワニナを放流しているのである。運転席からその光景を目にした三浦博士は、すぐに車の速度を上げ、その土地を離れた。

その土地でカワニナを採集しなかったのは、必ずしも放流している人々に遠慮したからではない。たいていの場合、放流されるカワニナは他所《よそ》の土地から運ばれたものだからだ。そうした放流が行われた土地のカワニナは、三浦博士にとって調べる価値がないのである。

カワニナは土地によって遺伝子に違いがある。進化の歴史が創り出した違いである。それぞれの土地の人々が話す方言が、その土地の歴史と風土を留めたものであるように、それぞれの土地のカワニナの遺伝子には、その土地のカワニナとそれを育んだ自然の歴史が刻印されているのだ。だから他所の土地のものを放流され、人の手で歴史を改変された土地のカワニナは、進化的な価値を失うのである。

三浦博士がカワニナの研究を始めたのは二〇〇五年。きっかけは何気ないものだった。その数年前、登山によく出かけていた三浦博士が、ちょっとした沢や水路で、必ず目にしたのが、川底に群がる黒くて小さな細長い棒状の巻貝――カワニナだった。地味で目立たず、ありふれた生き物。だがその割によく知らない。それでなんとなく興味をそそられたのだ。

登山のついでに採集してみると、場所ごとに殻の形や表面の彫刻がわずかに違う。そこでミトコンドリアDNA（mtDNA）遺伝子を調べてみた。するとその塩基配列が、採集した地域の間で、例えば隣接する市でさえ違っていたのだ。なぜそんなに違うのか。謎が興味を掻き立てた。

進化学者は遺伝子のDNA塩基配列の変異を比較することによって、生物の進化の歴史を推定することができる。塩基配列の比較から遺伝子の進化を推定し、そこから遺伝子の持ち主である個体の集まり――つまり集団の進化の歴史を知ろうとする訳である。

二つの集団が地理的に、あるいは生殖的に隔離され、交配が不可能になり遺伝的な交流がなくなると、それぞれの集団中の個体が持つ遺伝子は、塩基配列が互いに異なるものへと変化していく。人の交流が乏しい土地の間で、コミュニケーションが途絶える結果、異なる方言が生まれることとよく似ている。

突然変異によって一定の確率で新しい変異が現れ、それが遺伝的浮動――つまり偶然によって集団の中で頻度を変えたり、消滅したりするような遺伝子（中立遺伝子）の場合、二つの集団の間で観察される遺伝子の塩基配列の違いは、集団が隔離されてからの時間に、おおざっぱに比例する。この性質を利用して、種分化や地理的隔離が生じた時代を推定できる。

また塩基配列の違いを元に、どの集団がどの集団と同じ祖先集団に由来しているか、どの集団が他から最も古く隔離されて分化し、どの集団が一番新しく分化したのかという、集団が辿った進化の道筋を、樹木の形——系統樹で表現できる。

ただし直接推定できるのはあくまで遺伝子の系統であって、集団の系統ではないということに注意が必要だ。例えば一度隔離された集団が、何らかの理由で隔離が外れて融合し交雑すると、一つの集団の中に、系統の異なる遺伝子が混ざり合ってしまう。この場合、複数の遺伝子を調べてそれらの系統樹の比較、統合によって、集団の分化と融合の歴史を推定しなければならない。

動物は細胞の核内にある核ＤＮＡとは別に、細胞内の小器官であるミトコンドリア内に、mtＤＮＡを持っている。核ＤＮＡが両親由来のＤＮＡからなるのに対し、mtＤＮＡは一般に代々母親から子へと遺伝する。核ＤＮＡより進化速度が速く、母親からしか遺伝しないため、動物の進化の歴史を推定するための最も一般的なツールであった。

急速な種分化の仮説

古来、人や文化が中央から辺境へ、アジア大陸から日本へと流れてきたように、日本の生物の多くは、アジア大陸と接続していた時代に、大陸内部から移り住んできたと考えられてきた。だが実のところ、いつ、どのように日本にやってきて進化したのか、わかっている種類は、動植物全体のごく一部だった。私たちの身近にいる生き物たちの由来を、私たちは意外なほど知らないのである。全国に広く分布するカワニナは、そんな日本の生物、特に淡水に棲む生物の成り立ちを知るために、うってつけのモデルになると思われた。カワニナの価値に気づいた三浦博士は、全国各地にカワニナを求めて旅するようになった。

日本中から集めた膨大なカワニナ試料。その遺伝子の解析作業が完了したのは、研究に着手して一年後だった。mtDNAの塩基配列の違いから、その系統関係を調べると、日本でどのようにカワニナが分布を広げ、隔離され、地域性が生まれていったのかが見えてきた。だが注目すべき発見は他にあった。とても奇妙な解析結果が得られていたのである。

日本にはカワニナの仲間（カワニナ属）が全部で十八種記録されている。特に琵琶湖水の固有種にはハベカワニナ、タテヒダカワニナなど十五種が知られている（図5-1）。これらの種は形で分類されたものだが、三浦博士は形の違いは生殖的な隔離を反映していると考えていた。そこでカワニナとは別種とされている他のカワニナ類でも、mtDNAを調べてみた。ところがmtDNAから推定された系統関係は、種の違いとは何の関係もなかったのである。同じ種なのに縁が遠い、別の種なのにごく近縁、というように分類と系統が全く一致しないのだ。人間に例えると、Aさんはとあるウサギに、Bさんはとあるネコに近い遺伝子を持っているという、不思議な

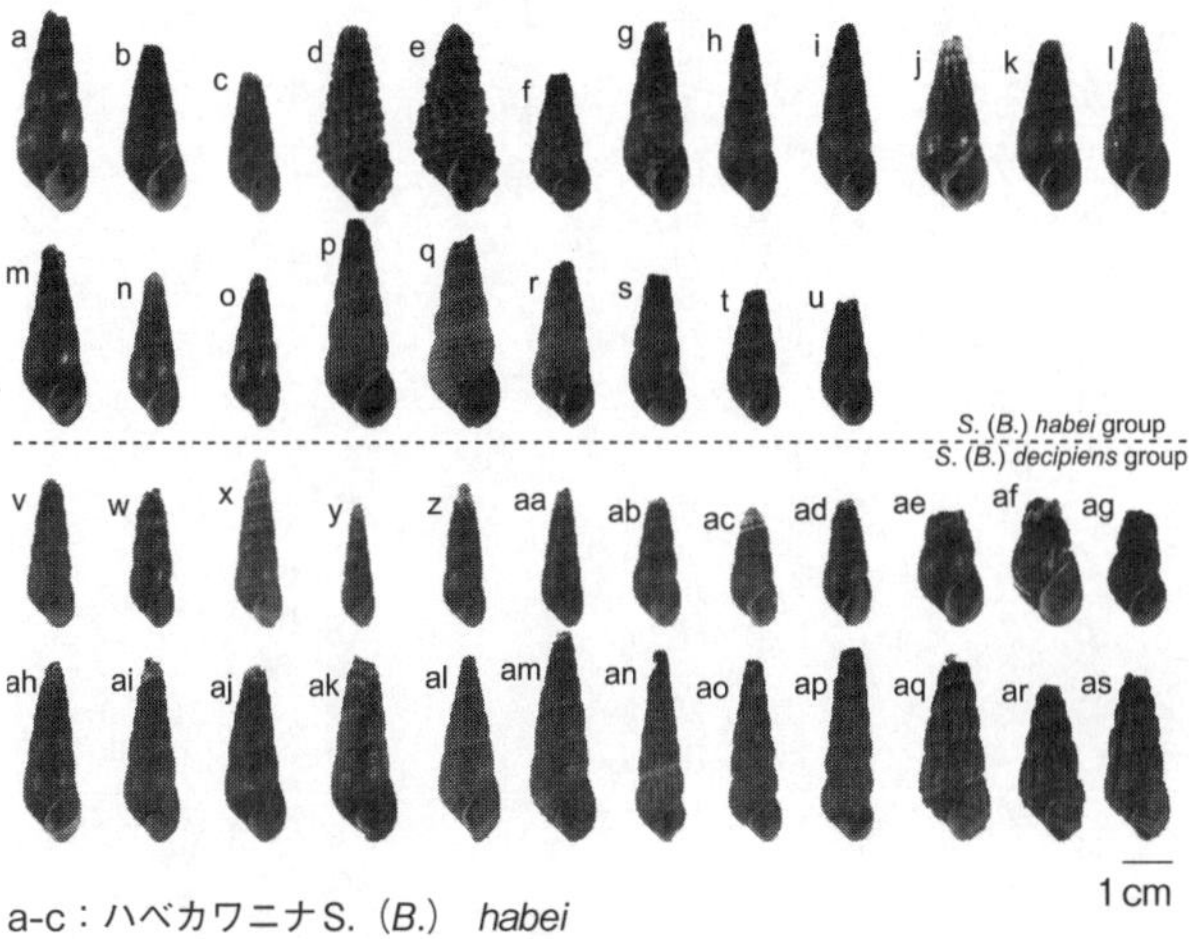

a-c：ハベカワニナS.（B.）*habei*
d-f：ヤマトカワニナS.（B.）*niponica*
g-i：クロカワニナS.（B.）*fuscata*
j-l：フトマキカワニナS.（B.）*dilatata*
m-o：タテジワカワニナS.（B.）*rugosa*
p-r：カゴメカワニナS.（B.）*reticulata*
s-u：クロダカワニナS.（S.）*kurodai*
v-x：タテヒダカワニナS.（B.）*decipiens*
y-aa：ホソマキカワニナS.（B.）*arenicola*
ab-ad：ナンゴウカワニナS.（B.）*fluvialis*
ae-ag：ナカセコカワニナS.（B.）*nakasekoae*
ah-aj：タケシマカワニナS.（B.）*takeshimensis*
ak-am：シライシカワニナ S.（B.）*shiraishiensis*
an-ap：イボカワニナ S.（B.）*multigranosa*
aq-as：モリカワニナS.（B.）*morii*
Miura et al. 2018 Evol. Lett. 3 より（三浦収博士の厚意による）
（図5-1）琵琶湖及びその周辺に棲むカワニナ類

状況なのである。

なぜこんなことが起きるのか。三浦博士の考えはこうだった。mtDNAの分化が種分化より先に起きたのだ。祖先種が持っていたmtDNAの変異が、そこから派生した子孫の種それぞれに受け継がれて残っているというわけだ。この現象は祖先多型と呼ばれる（図5-2）。これは近い過去に、カワニナ類が琵琶湖で急速に種分化したことを意味していた。

韓国のカワニナ

三浦博士にはひとつ気がかりな点があった。それはお隣の国、韓国のカワニナだ。朝鮮半島にも日本と同じ種を含むカワニナの仲間がいる。だから韓国のカワニナの種類も調べる必要がありそうだ。とはいえ韓国まで手を広げるのは躊躇した。結局これは将来の課題として、先送りすることにした。

それから数ヵ月後、三浦博士は米国の研究所に研究員として採用され、日本を離れた。これを機にカワニナの研究成果を論文にまとめ、発表することにした。ところが、論文原稿がほぼ完成した段階で、思わぬ事態が起きた。韓国のカワニナ類の進化を扱った論文が発表されたのだ。米

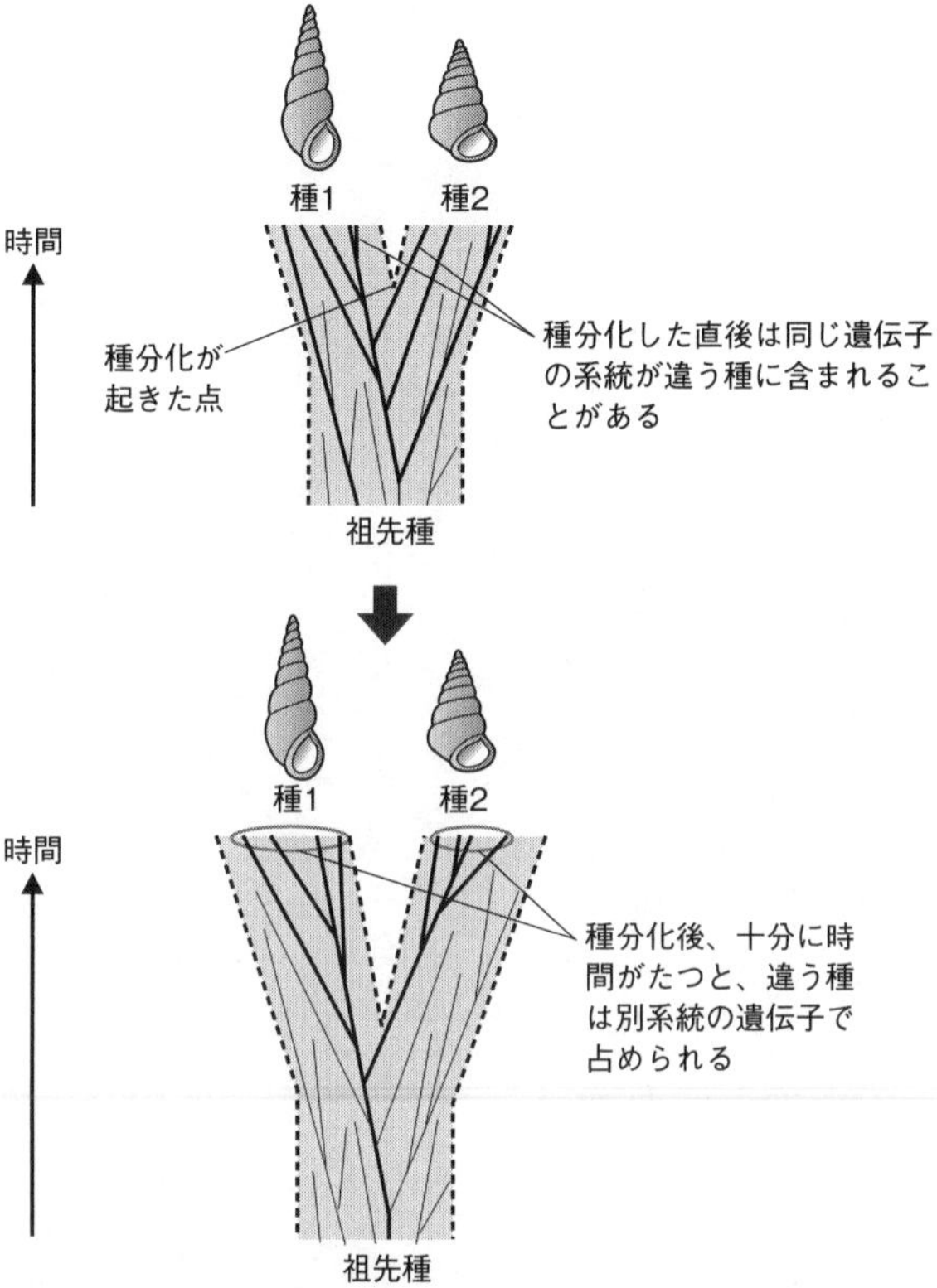

図5-2　遺伝子の進化に比べて種分化が速く進む場合の、種の系統と遺伝子（mtDNA）の系統の関係

２種類の実線は遺伝子（mtDNA）の系統を表す。黒の太線は現存する遺伝子の系統。灰色の細線は絶滅した遺伝子の系統。点線で囲まれた灰色の部分は種の系統を表す。

種分化して間もない時期（上）には、種の違いと遺伝子の系統の違いが対応しない（祖先多型）。この場合、種の違い（生殖的隔離の有無）は形の違いに反映されているが、mtDNAの違いとは対応していない（三浦博士の考え）。種分化してある程度、期間が経過すると、種の違いと遺伝子の系統の違いが対応するようになる（下）

国の研究者チームによる研究だった。

米国にもカワニナの価値に気づいた人がいたのである。ほぼ同じ研究手法。結果も似ていた。種の分類とmtＤＮＡの系統関係が全く一致しないのだ。ただし米国チームはその理由として、交雑の可能性を考えていた（図5-3）。そもそもカワニナの仲間で異なる「種」とされてきたものは、実は一つの種が示す、形の変異にすぎないのではないかという。

こうなると、韓国のカワニナとの比較がどうしても必要だ。しかし、三浦博士にとって、今すぐ地球の反対側から韓国に採集旅行に出かけるのはとてもできない相談だ。韓国の知人は、貝類には不慣れで、調査や採集のための手続きは頼めるが、カワニナ採集自体を頼むのは無理である。さて困った。

そこに「自分が韓国に行って採ってきます」と名乗り出たのは一人の大学院生、三浦博士の出身研究室の後輩である。彼は大学生の頃から、怪魚を釣り上げるために世界中を旅していた。ただし韓国は未経験、韓国語は全くわからないという。だが単身ニューギニアや熱帯アフリカに出かける彼なら大丈夫だろうと、必要最小限の試料採取を依頼した。彼はさっそく韓国に渡ると、十日ほど一人で各地を回り、旅の途中で意気投合した韓国の釣りフリーク達の協力も得て、予定通りカワニナ試料の採集に成功した。さらに採集のために立ち寄った湖で、たまたま開催されて

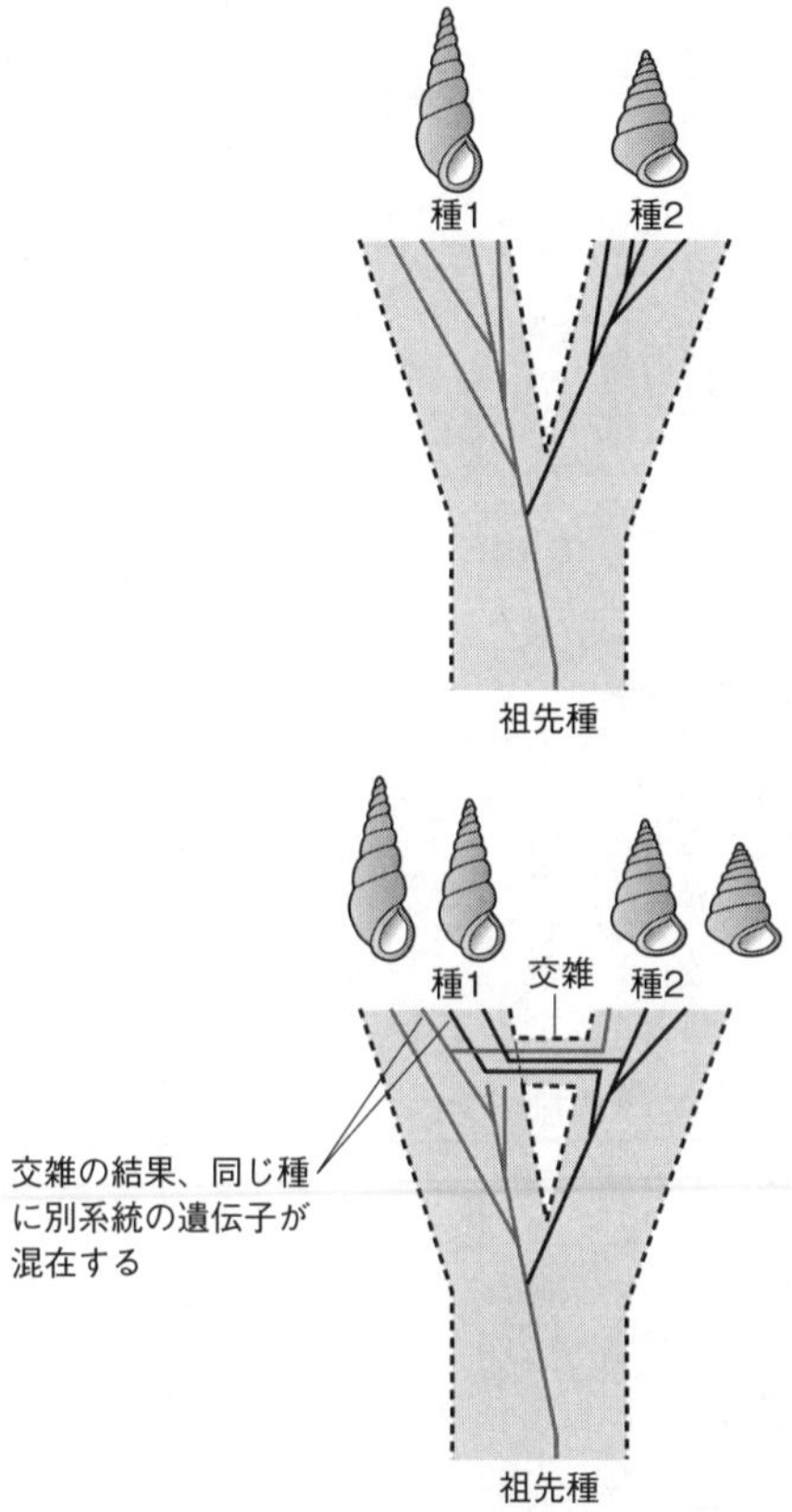

図5-3　遺伝子（mtDNA）の系統と種の系統が対応する場合（上）と、部分的な交雑により、遺伝子（mtDNA）の系統が種の違いや形の違いと対応しなくなる場合（下）

黒線と灰色線は異なる遺伝子（mtDNA）の系統を表す。点線で囲まれた灰色の部分は種の系統を表す。交雑により、他種に由来した系統の異なる遺伝子が同じ種に含まれ、また別の種に近い形の個体が同じ種の中に生じる（米研究者らの考え）

いた釣り大会に飛び入り参加し、優勝するという貫禄もみせつけて帰国した。

早速米国に送られてきた試料のmtDNAを調べてみると、やはり韓国と日本のカワニナはごく近縁だった。三浦博士はこのデータを加えて論文を完成させ、進化生物学のトップジャーナルに投稿した。

たかが査読、されど査読

ジャーナルに投稿された論文は、主張の新しさや独創性、一般性、手法やデータ、論理の適正さ等に基づいて、掲載の可否が決まる。論文はジャーナルの編集者から匿名の査読者に送られ審査される。査読者は論文の優れた点、問題点、改善すべき点など指摘し、批判を加えたレポートを編集者に返す。編集者は査読者の意見を踏まえて、論文掲載の可否を判断するのである。修正すれば掲載が見込める場合は、査読者の批判や指摘に適切に応じて論文を改訂することを筆者に求める。

さて三浦博士が論文を投稿して一週間後、担当編集者から論文を査読者に送ったという通知がきた。編集者は前に登場したアンガス・デビソン博士であった。そして二ヵ月後、デビソン博士から審査結果が査読者二人のレポートとともに送られてきた。「現状の論文は掲載できないが、修正して査読者を納得させることができれば再検討する」という結論だった。

二人の査読者の批判は、主要な点でほぼ一致していた。分類とmtＤＮＡの系統の不一致は、祖先多型――急速な種分化を示す、という主張に対する批判である。交雑や分類の誤りなど、別の可能性が吟味されていないというのだ。解決策として、複数の核遺伝子を調べることを要求している点も同じだった。

実は三浦博士は核遺伝子のうち、この目的に利用できそうな遺伝子をすでに幾つか調べていた。だがどれも十分な変異がなく、データとして使えなかったのだ。試料は日本に置いてきたので、今から新たに核遺伝子を探索して追加データを取るのは難しかった。やむなく分類の誤りと交雑の可能性を併記することで、査読者の批判に対応することにした。

修正した論文を再投稿すると、しばらくして編集者から査読者のコメントとともに、最終結果が送られてきた。掲載拒否であった。二人の査読者は修正に納得していなかった。しかも主張を弱めたため、新規性が失われたと判断されてしまったのである。

それから程なくして、米国人研究者から三浦博士の元にメールが送られてきた。そこには、自分があなたの論文の査読者の一人だった、と記されていた。実はその人物こそ、韓国カワニナの研究チームのリーダーであった。メールには「修正が十分でなく掲載に至らなかったのは残念だった。だがあなたの研究は素晴らしいチャレンジだ。この結果に気落ちせず、頑張ってほしい」と励ましのコメントも綴られていた。

敵にすると怖いが味方なら心強い

三年後、帰国した三浦博士は、カワニナの研究を再開した。だが間もなく、立ちはだかる新たなライバルの存在を知った。日本のカワニナの価値に気づいた人物が、オーストラリアにもいたのである。その研究者も、分類とmtDNAの系統が一致しないことに気づいていた。だがそれは、種の違い（生殖的隔離の有無）と形の違いが対応していないため、と考えていた。形で区別できない別種と、形の違う同種があるのだという。mtDNAの違いは、生殖的隔離の有無を反映する一方、それらと形の違いは無関係だと主張する（図5-4）。

これは、種の違い（生殖的隔離の有無）は形の違いに反映されているが、mtDNAの違いとは対応していない、とする三浦博士とは逆の考えだった。同じ試料を巡り、日米豪の研究が鍔迫《つばぜ》り合いの様相を呈する中、米国人研究者が、意見の対立を一時棚上げしようと提案した。むしろ互

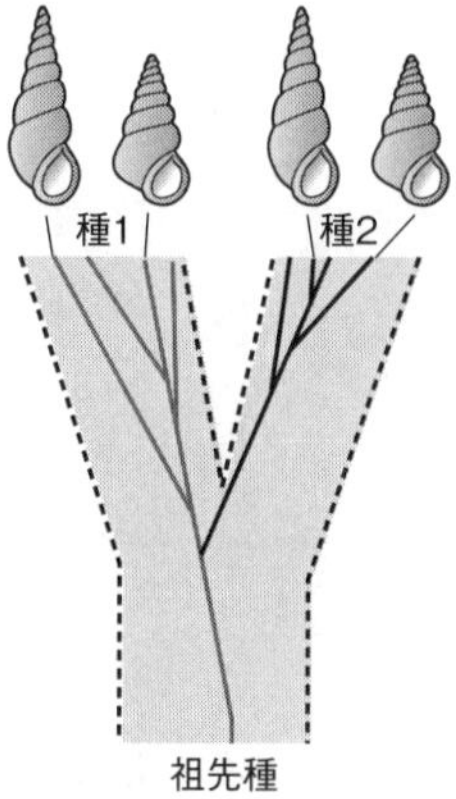

図5-4 同じ種内に大きな形の変異があるなどの理由で、種の違いが形の違いと対応しない場合

黒線と灰色線は異なる遺伝子（mtDNA）の系統を表す。点線で囲まれた灰色の部分は種の系統を表す。この場合、mtDNAの違いは、種の違い（生殖的隔離の有無）を反映する一方、それらと形の違いは無関係になる（豪研究者の考え）

いのデータを持ち寄り、協力を試みてはどうかというのだ。

この呼びかけに応じて、互いのmtDNAのデータを照らし合わせ解析すると、驚くべきことがわかった。およそ百万年前、日本が大陸と一時的に接続していた時代に、日本から韓国にカワニナが移住していたのだ。常識に反して、彼らは日本から大陸に渡ったのである。この発見に最も貢献したのは三浦博士のデータだった。そこで彼を中心に共著論文を執筆し、貝類学のジャーナルに投稿した。論文は首尾よく受理され、掲載された。研究を始めて八年目のことだった。

だが三浦博士は納得していなかった。肝心の形と種分化を巡る謎は解けていないのだ。意見も対立したままだった。結局、日米豪の協力は、この論文一つで終わりを告げた。

三浦博士は、焦点を琵琶湖のカワニナ類に絞ることにした。まずは多様なmtDNAの起源だ。それは四百万年の歴史を持つ琵琶湖で、長い時間をかけて進化した後、日本各地に広がったのではないかと考えた。ところが、長年にわたる共同研究者が、この仮説を強く批判した。琵琶湖は昔から今の姿でいたわけではなく、位置も大きさも変化してきた、消滅したこともある、今の姿の琵琶湖は四十万年の歴史しかない、と主張したのだ。結局この仮説は棚上げとなった。しかしこの批判が次のアイデアの契機となった。琵琶湖のカワニナの化石記録を使う、という着想を得たのである。

今よりずっと南の位置にあった古琵琶湖は、二百五十万年前に縮小し、ほぼ消滅する。そして百万年前に現在の位置に移ると、四十万年前に急速に拡大した。産出するカワニナ化石種の消長は、この歴史と歩調を合わせていた。湖の縮小とともに絶滅が起き、拡大とともに新たな種が出現するのである。

カワニナ類は湖の拡大縮小に合わせて、種分化と絶滅を繰り返してきたのではないか。すると今の琵琶湖の種は、最近四十万年の間に一気に種分化したことになる。そう考えた三浦博士は、化石試料を入手し、形態解析を行ってみた。悪くない結果だった。

ところが今度は別の共同研究者から批判が出た。肝心の四十万年前以降の化石データが不足している、それに形と種の関係が疑問視されている状況で、形が根拠になるのか？　というのである。確かにその通りだ。三浦博士は化石のデータを文献からの引用に留めて論文をまとめると、進化生物学の幾つかのジャーナルに投稿した。結果は全て掲載拒否であった。

追い打ちをかけるように、かつて共著論文で協力したオーストラリア人研究者が、日本のカワニナの論文を発表した。形の違いは系統や種の違いとは無関係――そう結論づける論文だった。加えてカワニナのｍｔＤＮＡは特殊な性質を持ち、それを考慮せずに種や集団の進化の歴史を推定すると、誤った結論を導く、と主張していた。

ダメージは大きかった。琵琶湖での急速な種分化——この仮説の妥当性のみならず、研究の土台まで揺るがすものだったからである。三浦博士のカワニナ研究は窮地に陥った。

もし、研究生活を巡る状況に変わりがなく、新しい環境を与えられることがなかったら、この研究はここで打ち切られ、日の目を見ることなく消えていたかもしれない。

十三年目の決着

帰国して五年。それまで任期付きの職を渡り歩いてきた三浦博士は、ようやく大学に定職を得た。短期間に成果を出さねばならない任期付きの職と違い、先を見据え失敗覚悟で新しい手法に挑戦できるようになった。そしてこれが三浦博士に起死回生の一手をもたらした。ゲノム解析技術の革新的な進歩と普及も追い風だった。

試みたのはRAD-seq解析と呼ばれる、第二世代DNAシークエンス技術を用いたゲノム解析手法であった。旧来の手法とは比較にならないほど多数の遺伝子を、網羅的に解析することが可能で、系統関係や交雑の有無、個体数の変化など、非常に高い信頼度で集団の履歴を推定できる手法である。三浦博士はこれを使って、カワニナ類のゲノムから六千以上の遺伝子を検出し、その塩基配列を比較することに成功したのである。

琵琶湖のカワニナ類をこの手法で解析してみると、形で分けられた集団ごとに遺伝子の構成が異なっていた。琵琶湖では、形の分類と遺伝子の系統がほぼ一致したのだ。一部に交雑が起きて雑種ができていたものの、少なくとも形で区別された集団のいくつかは、互いに生殖的に隔離されていること、つまり生物学的に別種であることが確かめられた。やはり形の違いは種の違いを示していたのだ。そして得られた系統関係と遺伝距離から、琵琶湖の十五種は二つの種を祖先とし、四十万年前以降に分化したものであることが示された（図5-5）。

遺伝情報から過去のカワニナ類の集団サイズを推定してみると、琵琶湖では四十万年前、急に集団が拡大したことがわかった。湖の拡大とともに分布を広げ、一気に種分化と形の劇的な多様化を遂げたのである。これらの種は、互いに形が違うだけでなく、棲み場所——棲息深度や底質——が少しずつ異なる。湖の拡大とともに多様な棲み場所——ニッチが現れ、それぞれに適応することで、種分化が進んだのだろう。

例えば湖の拡大によって水深が増し、新たにできた深場では、水温や餌、天敵などが、浅瀬とは大きく異なる。そのため深場の環境に進出し適応した集団には、浅瀬の集団とは異なる生理的、生態的、形態的な性質が進化する。詳細な仕組みはまだ不明だが、適応による性質の分化

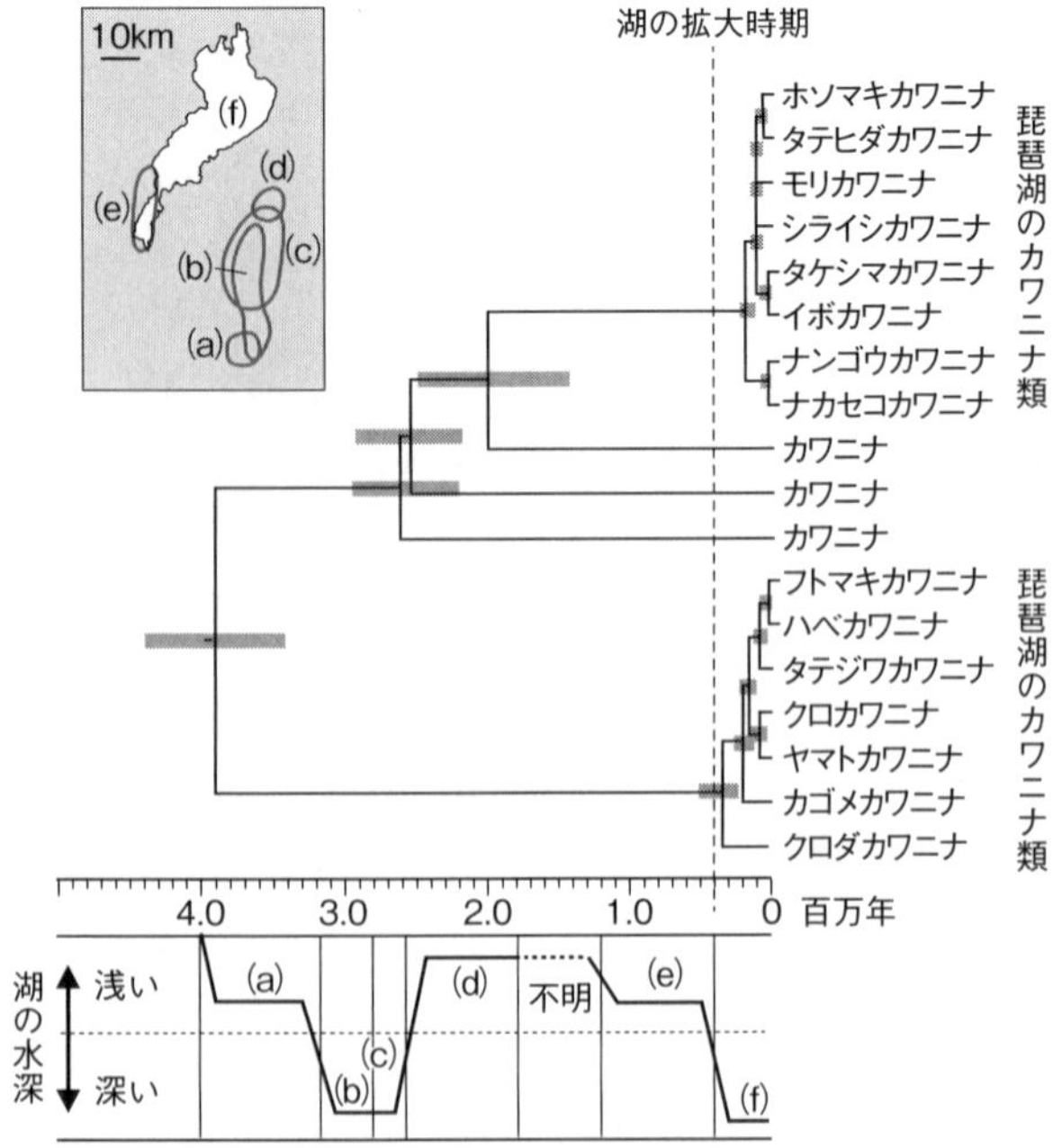

(図5-5) RAD-seq解析から推定されたカワニナ類の系統関係と分岐年代
枝の長さが分岐してからの年代に対応する。▬▬は誤差を表す。左上は現在の琵琶湖（f）と、その変遷（a~e）を示す。下は琵琶湖の水深の変遷を示す。(a)～(f) は左上に示す湖の位置に対応する。湖の深さは湖の広さと比例する。Miura et al. 2018 Evol. Lett. 3より（三浦収博士の厚意による）

（例えば交尾を誘発する水温の違いや、交尾行動の違いなど）が、深場と浅瀬の集団間での生殖的隔離の進化を促進したのだろう。このように新しい環境への進出と種分化が連動して進んだと考えられる。

一方、琵琶湖の場合と大きく違っていたのが、それ以外の各地のカワニナだった。どれも形の分化はあまり起きていない。ところが遺伝的には、その多くが琵琶湖のカワニナ類より、はるかに大きな多様化を遂げていた。形ではわからないが、地域ごと、水系ごとに数十万年から百万年以上の間、隔離され、それぞれ独自の系統へと進化しているのだ。状況証拠からは、これらの系統の多くは交配可能で同一種だと考えられる。ただし、中には遺伝的な違いがあまりに大きい系統があるので、もしかするとこれらのカワニナには、形では識別困難ないくつかの別の種が含まれているのかもしれない。とはいえ、琵琶湖とそれ以外で種の多様さが大きく異なることは、両者の間で種分化のスピードがかなり違うことを示している。

種分化のスピードは環境条件と生物の性質に応じて変化する。中にはダーウィンフィンチのように年単位で観察される極端に速いものもあるが、多くの動物では、それは一般に百万年以上の時間をかけて進むゆっくりしたプロセスだ。このタイムスケールを考慮すると、四十万年の間に二種から十五種を生み出した琵琶湖のカワニナ類の種分化は、かなり速い部類に入る。カワニナ類のRAD-seq解析で検出された多数の中立遺伝子は、確率的におおむね一定の速度で変化するのに対し、生殖的隔離や形態に関わる遺伝子は、湖で新しい環境への適応とともに急速に変化したのだと考えられる。実際にどの遺伝子が生殖的隔離や形、適応に関わっているのか、それを突き止めるのは今後の課題だが、少なくとも新しく広い環境が現れたことが、生殖的隔離の進化や形の多様化を促進する決め手のひとつであったことは間違いない。

新しい世界で、初めはどの集団も異なるニッチを幅広く利用し、自由に交流していたはずである。だが特定のニッチだけを利用するように集団の専門化が進むにつれ、それらの間の交流を阻害する障壁ができてくる。その結果、異なるニッチに適応した多数の種が進化する——適応放散と呼ばれる多様化が起きるのであろう。

二〇一八年、三浦博士はこの成果を論文にまとめ、進化生物学のトップジャーナルに投稿した。査読者からの指摘や批判はほとんどなく、あっさり受理され掲載された。十年以上に及ぶ厳しい道のりを振り返ると、それは実にあっけない結末だった。

＊　＊　＊

「まだまだ謎だらけです。染色体数を巡る問題も解決していません。それに生殖的な隔離の有無が確かめられたのは、まだ一部です。しかし私の遺伝子解析の結果は、少なくとも琵琶湖に棲むカワニナ類の多くが、他の場所に比べ遥かに急速な種分化を遂げ、それは今もまだ進行中であることを示しています」

「次は全ゲノム解析に挑戦します。これでどれだけ謎が解けるか楽しみです」

そう穏やかに語る三浦博士に、私は問いかけてみた。あなたをかくも進化の研究に駆り立てているものは何なのか？

「自分は何者なのかを知りたい、という好奇心です。それも人間としての自分ではなく、一つの生命体としての自分です。究極的には、生命とは何か、という問いに対する何らかの答えを得たいと思い、研究を続けているのです」

第6章　恋愛なんて無駄とか言わないで

人を愛すること以上に芸術的なものはない――稀代の画家ファン・ゴッホの言葉だが、あらゆるアート、文芸、エンターテインメントを通じて人気のジャンルがラブロマンスだ。なかんずく男女の三角関係が絡む恋愛は、浮舟を巡る千年前の悲恋の物語以来、創作の中心となるモチーフである。実は進化学者の関心も同じ。恋愛モノは、進化研究の中核となるテーマだ。ただし進化学者は、それを恋愛とは呼ばない。一切の情緒を排し、「交配に関わる性質」と呼ぶ。狭義には遺伝情報の交換の仕組み。一般化すれば、どうすれば相手と上手くコミュニケーションができるか、という話になるかもしれない。

なぜそれが重要なのか。理由が二つある。まず一つ目。それは、性選択——交配に関係する性質にかかる特別な様式の自然選択——のプロセスが、進化を深く理解するためのモデルになるからだ。例えば極楽鳥の雄の華麗な求愛ダンス。その激しく魅力的な踊りと華美な羽の進化は、雄の形質に対する雌の選り好みの結果である。「好み」は遺伝的にどう決まり、どう進化するのか。これがわかれば、新しい性質の進化に何が重要か、知ることができる。

次に理由の二つ目。それは種の多様化に関するものだ。なぜ交配できなくなるのかわかれば、どのように生殖的隔離が進化するのか、すなわち新しい種がどのようにできるのかという、種分化の仕組みを知ることができる。

グッピーの雌の選り好み

「河田《かわた》先生はチェックが厳しい」

学生が恨めし気にぼやいている。河田先生とは、東北大学教授・河田雅圭《まさかど》博士のことである。

確かに科学的な厳密さや論理性に対する河田博士のチェックはとても厳しい。だがその学生のぼやきは、研究指導についてのものではなかった。なぜなら学生が顔をしかめて手で押さえていたのは、頭ではなく、足だったからだ。

降りかかる大学改革・評価の膨大な事務作業、資金獲得、大学院生の経済的支援や、博士号取得者のキャリアパス開拓などの用務に奔走する傍ら、確保した貴重な時間で研究に没頭——そんな激務の日々のわずかな暇に河田博士は、金も余裕もない学生達のメンタル維持を図って、彼らをサッカーに誘ったのだった。ところがそのゲーム中、つい本気になってプレス（チェック）をかけてその学生を跳ね飛ばした、ということらしい。それでも学生は、久々に本気でサッカーができたと満足していた。

さて河田博士がサッカーの次に古くから取り組んでいるのが、グッピーの性選択と種分化にまつわる研究だ。グッピーほどありふれた熱帯魚も少ない。だが、飼うのが容易で、色や形が多様なため、進化研究の材料には最適なのである。

グッピーは雄だけが体に派手な色の模様をもつ。色と模様のパターンは個体ごとに様々である（図6−1）。一方、雌は個体によって色の見え方（色覚）が違う。そしてオレンジ色や青色など、特定の体色のパターンをもつ雄を好む。

餌の藻類を効率よく見つける雄は、オレンジ色の基になるカロチンを多く摂取できるため、体

図6-1　グッピーの雄（上2匹と左下）と雌（右下）
撮影：佐藤綾博士。河田雅圭博士の厚意により提供

にオレンジ色の部分が増える。だからオレンジ色は、餌を見つけるのが上手い雄、つまり生存力の高い雄の印だ。オレンジ色に強く反応し、オレンジ色の部分が多い雄を好む雌は、生存力の高い雄を配偶者に選ぶことになる。するとその子は父親の性質を受け継いで生存力が高く、息子ならオレンジ色になり、娘なら母親の性質を受け継いでオレンジ色の雄を好む。この性選択が何世代も続くと、集団はオレンジ色の雄と、オレンジ色の雄を好む雌で占められる。

一方、捕食者がいる環境では、逆にオレンジ色の雄は目立って敵に狙われやすく、不利になる。だからこの場合、集団は地味な雄と、地味な雄を好む雌で占められる。雄の体色も、雌が選ぶ雄の体色も異なるこれら二つの集団の間では、他に要因がなければ交配が起こらない。つまり生殖的隔離が生じ、種分化が起きることになる。

ではどんな仕組みがグッピーの雌の色覚や、体色に対する好みの違いを決めているのだろう。河田博士らは、それがオプシン（眼の網膜にある視細胞に蓄えられている視物質の成分で、光に反応するタンパク質）遺伝子の発現量の違いであることを突き止めた。また、複数あるオプシン遺伝子の発現量は、別の遺伝子によって制御されていた。さらに河田博士らは、生まれつきの遺伝的な違いに加えて、育った環境の違いも、後天的にオプシン遺伝子の発現量に影響することを見出した。雌の好みには、複数の遺伝子の相互作用に加え、育った環境で決まる後天的な仕組みも関わっていたのだ。

無用の用

体色に関する雌グッピーの好みには、他にも様々な要素があり、単純なものではない。このように生物の性質を決める遺伝的な仕組みは、一般に非常に複雑だ。多数の遺伝子が相互に影響し合って、形質が制御されている。これを遺伝子制御ネットワークと呼ぶが、その構造は、ひどく無駄が多い。例えば、同じ機能を果たす遺伝子が沢山ある一方、何の機能も果たさない領域も多い。無駄に多くの経路で遺伝子発現が調節されている。まるでツギハギだらけの計算機プログラム、複雑怪奇な巨大ソースコードである。いったいなぜこんな無駄だらけの複雑な制御の構造が進化したのだろうか。

この問いに答えるために、河田博士と津田《つだ》真樹《まさき》博士のチームが試みたのは、動物のゲノム構造の解析と計算機シミュレーションである。その結果、ランダムに変動する環境では、重複した遺伝子の多い、複雑な遺伝子ネットワークの方が実際に進化することが示された。複雑で無駄の多いネットワークは、頑健で適応進化が起こりやすく、変動環境では単純なネットワークより有利なのである。

　同じ役割を果たす遺伝子が複数あれば、そのうち一つの機能が損なわれても、他で代用できる。いわば故障部品のスペアである。しかも余剰な遺伝子を変化させることで、正常に発育するために不可欠な既存の機能を損なわずに、新しい機能を獲得できる。また複雑で大きな遺伝子ネットワークでは、小さくて無害な突然変異が、多くの遺伝子で生じうるので、その総和として、表現型に大きな進化的変化が容易に起こるのである。

　実際に昆虫や哺乳類のゲノムデータから、変化に富む生息環境に適応した系統では、同じ遺伝子が重複してできた重複遺伝子の数が多いことが確かめられた。変化がない、あるいは一定の方向にしか変わらない世界では、余剰のない小さなシステムが有利になる。しかし、どう変化するかわからない世界では、余剰の多いシステムが有利になる。そして余剰は創造性の源なのである。

黒歴史

今は、高校で生物を選択すると、進化について一通り学ぶ。どの教科書にも、自然選択や遺伝たことが説明されている。世界で最も優れた生物教科書とされ、国際生物学オリンピックの推薦図書でもある『キャンベル生物学』は、昔から進化の視点を柱に据えているくらいだから、これはとりたてて特別なことではない。だがかつて日本では、進化は高校では学ばなかった。それどころか一九八〇年代は、進化——突然変異、自然選択、遺伝的浮動を中心原理とする総合説を扱う講義は、大学ですら稀だった。当時、私の知る生物学の教授は、進化なんてホラ話、まともな研究者は相手にしない、と断言していた。なぜ日本の進化学は、こんな扱いを受けるほど崩壊していたのか。原因は主に三つ。科学への政治介入、海外動向への無関心、そして権威主義だ。

進化学は戦前から様々な形で政治思想の影響を強く受けてきた。戦後まもなく、獲得形質の遺伝を主張し、メンデルの遺伝法則と自然選択を否定する、旧ソ連のルイセンコ説が日本に上陸し、大流行した。この学説は実用主義を標榜する一方、科学的な証拠に基づかない疑似科学であった。だが旧ソ連では共産党のイデオロギーと結びつき、政治活動として広まった。そして共産党は対立する科学者らを次々と弾圧、粛清した。

日本では遺伝学、進化学、そして古生物学でルイセンコ説が席巻、政治活動となり激しい論争を招いた。しかし一九六〇年代には、分子生物学の劇的な発展により、遺伝学の領域からほぼ姿を消した。一方、進化学、特に古生物学では八〇年代初めまで勢力を維持していた。彼らは総合説に加えて、プレートテクトニクスも親米的だとして否定し、対立する研究者を政治的に排除した。こうした政治、権力、思想との親和性ゆえ、生物学者の多くは進化学を非科学的として遠ざけた。そのため当時欧米で急速に発展した、厳密な実証主義に基づく新しい進化学から、取り残されてしまったのである。

ある分野で偉大な業績を挙げた研究者が、他分野で大胆な説を述べ、それをメディアや一般人が持《も》て囃《はや》す結果、その分野に混乱が起きる——よく見かける図式だが、これが六〇年代以降、生態学で起きた。今西《いまにし》進化論である。「種社会」なるものを単位とした棲み分けによる進化——そう主張するこの日本独自の進化論が、欧米の総合説にとって代わるとして、メディアや文化人の人気を集め、一世を風靡《ふうび》した。だがその論は、当時の進化学の世界標準からみて、到底評価に耐えるものではなかった。一方、当時世界の進化学で、本物の旋風を巻き起こしていたのは、遺伝学者・木村資生《もとお》博士の中立説だった。だが当時の日本では、その意義は正当に理解されていなかった。

加えて八〇年代の日本では、ポストモダン思想と生物学の合体から生まれた特異な進化説が、総合説を否定する論陣を張った。さらにパレオバイオロジーと称する古生物学の一派も論戦に参入した。七〇年代、米国で「古生物学の革命」を叫び結成された流派である。彼らは、古生物学が扱う化石記録が示す進化は、生態学や遺伝学に基づく進化理論だけでは説明できない、と主張し、適応以外のプロセスや全体論的な考え方を重視して、総合説批判を展開した。

一方、総合説に立つ正統派の進化生態学も、社会生物学の影響を経て、態勢を整えつつあった。伊藤嘉昭《よしあき》博士のもとに若手の精鋭が集まり、海外の一線の研究者との交流を進めるなど、世界標準を目指した研究が始まっていた。

かくして八〇年代の日本の進化学は、風雲急を告げる黎明期に、正統派、反正統派が入り乱れ、魑魅魍魎が跋扈《ばっこ》する、無法地帯の様相を呈していたのである。

生態学 vs. 古生物学

混迷する世紀末の進化学ワールドに、彗星のように現れた正統派進化学者がいた。若き日の河田雅圭博士である。進化生態学の救世主となった河田博士は、最新の生態学の鎧を纏《まと》い、切れ味鋭いロジックの剣で、次々に襲いかかる勇者や魔物たちを、容赦なく切り伏せていった。

河田博士を中心に編集発行された雑誌『Networks in Evolutionary Biology』は、八〇年代の進化を巡る論客たちの熱いバトルの場であった。学生だった私はこの雑誌を貪《むさぼ》り読み、誌上で繰り広げられる修羅《しゅら》の世界のような論争に熱中した。ただしその時の私は、地質学を専門とする古生物学専攻の学生で、かのパレオバイオロジー派の支持者であった。

当時、小笠原の陸貝を研究していた私は、化石だけでなく現生種も使い、生態学・集団遺伝学的な研究も手掛けていた。生物分野の研究者との交流や、グラント夫妻のダーウィンフィンチの研究に影響を受けたためである。だがそれゆえに、化石記録で観察される現象に、生態学や遺伝学の理論をあてはめることしかできないなら、進化研究に古生物学の存在意義はないのではないか、とも考えていた。

そんな訳で、断続平衡説など古生物学独自の進化理論の大半を、誤り、不適切、と一刀両断する河田博士に、いつか一太刀浴びせねばならぬ、と滾《たぎ》る思いを募らせていた。

その機会は間もなく訪れた。一九九一年、東北大学で行われた古生物学会シンポジウムで、河田博士との対決が実現した。この対決は、私が先に講演を行い、主張を述べて、次に河田博士が講演で主張を述べる、という形で行われた。

両者の主張を結論だけ簡単にまとめると、次の通りだ。私は、小笠原の陸貝の研究成果を元に、「環境変化に伴う偶発的な雑種化のイベントが、進化の方向を大きく変え、多様性に影響を与えてきたことを化石記録は示す。生態学や遺伝学だけでなく、こうした歴史の偶発性のような古生物学の知識に基づくプロセスを、進化のプロセスとして重視すべきである」と主張した。これに対し河田博士は、「化石記録が示す形や多様性の変化の歴史は、進化を理解するうえで重要だが、そこに働くプロセスは、生態学や遺伝学の知識に基づいて想定されるべきである」と主張した。

講演後の質疑応答でも論戦を挑んだものの、結局私は、自分の主張を生態学者に納得させることはできなかった。また生態学者の主張に反駁《はんばく》することもできなかった。

ミッション・インポッシブル

その後、私は運よく静岡大学の地球科学科に教員の職を得た。偶然にも、他学部ながら同じ大学の教員として河田博士がいた。再戦の好機到来である。

だが前回の経験から、河田博士と生態学の攻略は容易でなく、周到な準備が必要であると判断した。相手にわからせるうえで最大の障壁になっているのは、実は論理や説明のルールの違い——異分野間の文化の違いでは、と思ったからだ。生態学の専門家の考え方を把握する必要があるのだ。そこで私が立てた作戦は、敵の内部に潜入し、内側から攻略する、というものであった。要は、自分が生態学者になるのである。

幸い私が何者かを河田博士が忘れていることを利用し、河田研究室に潜入、生態学を直接学ぶことにした。そして完全な生態学者になった暁に、身を翻して彼らに切りかかり、古生物学の主張を認めさせる、という凶悪なミッションである。

首尾よく河田研究室の一員となった私は、講義、セミナーと実習にも参加した。学生時代に、生態学や遺伝学をそれなりに学んでいたとはいえ、内容の理解は容易でなく、体系的な学習が不可欠であることが判明した。また生態学を深く学ぶためには、基礎にある生物学の体系を学ぶ必要があった。そこで幅広く生物学の講義を受講させてもらうことにした。

懸念は自分の直属の上司だった。許可は得たものの、やはり不適切、止めろと言われる気がした。ところが密かに受講していた他学科の講義中、その上司が最前列で学生に混じって講義を聞いているのを見つけて、もうどうでもよくなった。今の大学では不可能だしありえないが、当時の大学はまだラフで自由で、こんな大胆不敵な行為も許されたのである。

独学で異分野を学ぶ場合、重要そうで研究にすぐ役立つ、最新の知識とスキルだけを選んで学ぶことが多い。この傾向はインターネットが発達した現在、いっそう顕著である。一方、大学の体系的な学習では、無駄に見える知識やスキルも学ぶ。実は、進展が速く、知識自体が激しく変化する分野の研究に対応するには、こうした基礎——幅広く体系的な知識とスキルが役立つ。基礎があって初めて自分独自のスキルも威力を発揮する。

　異分野を学ぶ場合、異文化に接する時と同じく、考え方や表現の流儀の違いに戸惑うことがある。子殺し、乱婚、セクハラ、カミカゼ精子——そんな戦慄《せんりつ》の行動生態学用語がその例だ。さらに求愛も交尾も子育ても、常に遺伝子や個体の利益とコストで説明されると、真の愛は打算なのかとブルーな気分になる。

　だがそのうち違和感は解消する。動物の行動や進化的事実を、人間の倫理的、道徳的価値観にあてはめてはならない、という原則が身についたせいかもしれないが、もっと大きな理由は、謎が沢山あって面白かったからである。結局、小笠原や本土の陸貝を対象に、求愛や交尾など繁殖行動の研究を始めてしまった。また将来、生態学は分子遺伝学と融合するだろうというので、英国に留学して分子遺伝学を学ぶことにした。

そうして十年が経過した。私は東北大で生態学のポストに就いていた。誰もが私を生態学者だと信じていた。誰もその正体――古生物学のスパイ――に気付かなかった。だが私はもう、生態学だの古生物学だの、どうでもよくなっていた。そもそも河田博士自体、実は正統―反正統など一切意識していなかったのだ。彼は進化に多彩なプロセスがあることを認識したうえで、外部から越境してくる者が無頓着に放つ生物学的な誤りに、誤りと言っていただけだった。

対立の時代はとうに過ぎ去り、進化学は融合の時代に移っていた。私は河田博士に、深く感謝するばかりである。――隙あらば一撃、と今でも思っていない訳ではないけれど。

一度だけ、自分の博士論文の一部を、河田研究室のセミナーで発表したことがある。それは小笠原の化石と現生陸貝から得られた成果で、こんな発表だ――環境変化により、遺伝的に異なる集団が偶然出会って交配すると、形質や遺伝子の新しい組み合わせをもつ個体が生まれる。すると、それらの新たな関係のもとで、それまで不利だった形質が有利になったり、その個体を出発点に、新しい方向へ進化したりする。

「初めて聞いたが、非常に面白い」河田博士はそう高く買ってくれたのだが、実は彼がその話を聞くのは二度目のはずなのだ。大切なのは、相手にわからせることではなかった。まずは相手を理解することだったのである。

＊　＊　＊

「ヒトのゲノム情報が急速に蓄積している。もはやそこから目をそむけていることはできない」

そう指摘する河田博士は、ゲノム情報を利用し、ヒトの進化研究にも取り組んでいる。ゲノム中から遺伝子の変異のパターンを解析して、どの遺伝子にどのような自然選択が働いているかを推定するのである。注目するのは、感情や性格——人間的な性質だ。

ヒトの神経伝達物質の運搬に関わる*SLC18A1*遺伝子は、百三十六番目のアミノ酸が異なる二つの型があり、一方は神経質な性格を与え、もう一方は逆に不安を感じにくい性格を与える。河田博士らの研究によると、前者は人類の初期進化の過程で広まり、後者は現生人類がアフリカ大陸を出て、ユーラシアに拡散した後で広がった。ただし現在のヒト集団では、どちらのタイプも積極的に維持されるような、多様性を高める自然選択が働いているという。私達の一人一人違う多様な性格には、進化的な意義があるのかもしれないのである。

ゲノム研究は飛躍的に進み、今や人間の体の特徴や病気に加え、心や精神に関わる性質にも、どの遺伝子が関係しているか、わかるようになってきた。結婚や配偶者の好みに影響する遺伝子も検出されている。憂慮すべきは、背後の複雑な関係や、生育環境の影響を含め未知の要素を無視して、社会がそれらの安易な利用に走ることである。好むと好まざるとにかかわらず、すでに私たちの目前に、新しい優生学の脅威が迫りつつあるのだ。ゲノム情報で序列化され、マシンのように効率化された人生——道を誤れば、恋愛など不要とされるディストピアがやってくるかもしれない。

進化学にはそれを回避する力がある。様々な生物から得られた進化の知識は、生きる上での有利不利が条件次第で変わること、そもそも違う生物、違う個体に本質的な優劣などないことを教えてくれるからである。それに何より進化学は、ヒトを人たらしめているものは何か——この問いに答えを導くツールでもあるからだ。だがこのツールは使い道を誤れば、逆に厄災を招く凶器にもなりうる。それゆえに進化研究は、いかなる権力、資本、イデオロギーの支配も受けてはならない。また進化に関心を持つ幅広い人々——進化学ファンたちによる監視と批判と関わりが必要なのである。

それからこの厄災を防ぐのにとても役立つツールが他にある。人間らしい、とは何か——千年以上に亘りその問いを追い求めてきた、アート、文芸、エンターテインメントの力を、ここで借りない手はないだろう。

第7章 ギレスピー教授の講義

ダーウィンの島

「皆さんは〝島〟と聞いて何を思い浮かべますか」

ギレスピー博士の講義は、聴衆へのそんな問いかけから始まった。講堂のスクリーンには、逆巻く波に挑むサーファーの姿が映し出される。

「南国の青い海？　それとも風に椰子の葉がそよぐリゾート？」

画面が切り替わり、次にスクリーンに映し出されたのは、とある人物の古めかしい肖像画だった。

「私の場合、それは〝進化〟です」

カリフォルニア大学・バークレー校で教授を務めるローズマリー・ギレスピー（Rosemary Gillespie）博士は、島嶼生物学——島に棲む生物の生態や進化の研究——の世界的な第一人者だ。また彼女は、米国の小・中・高校生やマイノリティに対する科学の普及活動でも著名である。彼女の講義は、バークレー校の学生たちに大人気で、教室にはいつも立ち見が出るほどだ。だがその日の講義は、聴衆が熱心に耳を傾ける、という点を除いて、いつもと様子が少し違っていた。

ギレスピー博士はスクリーン上の肖像画に、レーザーポインタの赤い点を合わせ、聴衆に向かってこう尋ねた。

「この人が誰かわかる人はいますか」

聴衆の一人が、さっと手を挙げる。

「チャールズ・ダーウィン！」

ギレスピー博士は微笑み、「エクセレント！　正解です」。そしてこう続けた。

「ダーウィンは十九世紀、ガラパゴス諸島の生物の観察から、進化のヒントを得ました」

画面が切り替わり、別の人物の肖像画が現れた。

「こちらはアルフレッド・ウォレス。マレー諸島での観察から、ダーウィンと同時期に進化の考えにたどり着きました」

スクリーンには、太平洋に浮かぶガラパゴス諸島の地図と、東南アジアのマレー諸島の地図が、並んで映し出された。

「島は進化のアイデアの源なのです」

ただし、とギレスピー博士は付け加える。

「ダーウィンを導いた島とウォレスを導いた島は、タイプが違います。ガラパゴスは大陸と一度も陸続きになったことのない火山島、一方、マレー諸島はかつての大陸の一部が、分離してできた島です。そこで起きる進化も性質が違います」

ギレスピー博士の注目は前者、〝ダーウィンの島〟だ。スクリーン上には、一枚の図が浮かび上がった（図7-1）。二本の曲線——右上がりと右下がりの曲線が、図の中央で交差している。

「これは一つの島に棲む生物の種の数が、どんな仕組みで決まるかを示した図です」

横軸は種数。右下がりの曲線は、種数と移住率——一定期間、例えば一年間に大陸からその島

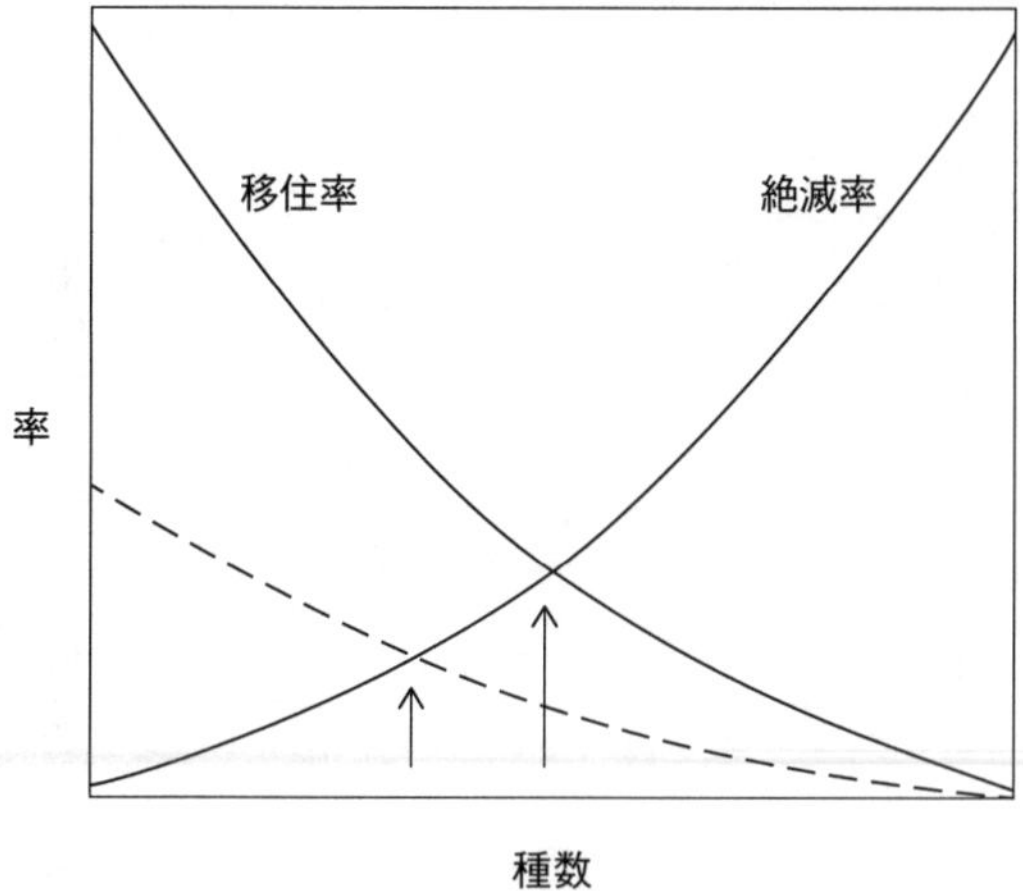

図7-1　移住率と絶滅率のバランスで島の種数（矢印がさす交点）が決まる

破線は大陸から遠い島の移住率（MacArthur&Wilson 1967を改変）

に移住する種の数――の関係、右上がりの曲線は、種数と絶滅率――その間に島で絶滅した種の数――の関係を意味する。二つの曲線の交点にあたる種数が、島に棲む生物の種数になる。生態学者ロバート・マッカーサー（Robert H. MacArthur）とエドワード・ウィルソン（Edward O. Wilson）が提唱したモデルだ。

「島では移住率と絶滅率のバランスで種数が決まります。では大陸から離れた位置にあり、あまり移住が起きない島ではどうでしょう」

するとスクリーン上の図の右下がりの曲線の下側に、破線でもう一本、右下がりの曲線が現れた。移住率が低い場合の種数との関係を示す曲線である。この曲線上では、交点の位置がずっと左にずれる。種数が減るのである。これは、大陸から遠く隔てられ、めったに移住が起きない島には、ほとんど種がいないことを意味する。だが実際にはそんな島――例えばガラパゴスにも多くの種がいる。なぜならこの場合、移住の代わりに種分化が種を増やすからだ。一方、大陸からの移住者がたくさんいる島では、この種分化の効果は妨げられている。

「ダーウィンの島では、ひとつの祖先種から、姿形や生き方を異にするたくさんの種が分かれて進化します。この現象を適応放散と呼びます」

スクリーンには、嘴の形が様々に異なる鳥たち――ガラパゴスのダーウィンフィンチのイラストが映し出された。

「ダーウィンの島は、生物の多様さがどう進化するのかを知るための、素晴らしい自然の実験室です」

ギレスピー博士の研究の舞台は、太平洋に浮かぶもう一つの巨大なダーウィンの島――ハワイ諸島である。そしてスクリーンに浮かび上がる動物は、細くくびれた体に八本の足。

「世界中でハワイだけに住むクモ。これが私の研究です」

スパイダーウーマン

スコットランド出身のギレスピー博士が、ハワイに降り立ったのは、一九八七年のこと。英国エディンバラ大学を卒業後、アメリカに渡って学位を取り、ポスドクとしてハワイにやってきたのである。それまでハワイのクモ類はほとんど研究がなく、あらゆることが未知だった。ギレスピー博士は、クモを求めて、千～二千メートル級というハワイ諸島の険しい山岳地帯を踏破した。何週間もの間、深い山中をたった一人で野営しながら調査を続けた。聴衆の前に映し出されたのは、大きな捕虫網や調査器具を背負った彼女の写真。講義は当時の逸話に移る。

「そんな私を心配した母が、スコットランドから私のために、調査を手伝いに来てくれました」

ただしその後、彼女を支援する別の人物が現れた。

「この若い昆虫学者が私の調査を手伝ってくれたのです」

スクリーンには、吸虫管のホースを口に咥《くわ》えたまま笑顔で手を振る男性の姿。

「間もなく、彼は私の夫になりました」

聴衆の間に笑い声が漏れる。

「結婚してすぐ、私たちの間に男の子が二人生まれました」

スクリーン上には、幼児を括りつけた背負子《しょいこ》を背負って崖を登る、彼女の逞《たくま》しい姿が映し出された。テントやシュラフに加え、乳児や幼児を連れての野外調査とキャンプ生活は、とりわけハードだったという。

「しかし成長して学校に通う頃になると、子供たちはとても優秀な野外調査のアシスタントになりました」

歴史は繰り返す

「スパイダーマンは、どこから糸を出すでしょう？」

そうギレスピー博士が問いかけると、すぐに聴衆の手が上がる。指名された者が嬉しそうに、手首から、と答えると、

「イエス！　こうやって手首から出しますすね。でも普通クモは糸をお尻の先から出すんです。正確には腹部の出糸突起と呼ばれる器官です。クモは糸を使って巣を作ったり、餌を捕まえたりするだけでなく、空を飛ぶことができます」

クモの幼体の多くは、糸を吹き流しにして風に乗るバルーニングという行動により、長距離を移動する。こうして海を越えてハワイにたどり着いたクモの多くは、そこで糸をあまり使わなくなった。中には網を張らず、前足の長い爪を突き刺して獲物を捕まえる種さえ現れた。空もあまり飛べなくなり、ハワイで隔離されて独自の進化が始まる。

「テトラグナッサ（アシナガグモの仲間）がそのひとつです。ハワイで十六種に進化しました。それからもうひとつ、面白いのがこちらのクモです」

スクリーンに映された奇妙なクモに、聴衆がどよめく。腹部の模様が人の顔の落書きだ。真っ赤に開いた口に、黒いペンでサッと描いたような目と眉。間の抜けた顔が笑う。

「ハッピーフェイス・スパイダーです（図７－２）。他にも様々な模様のタイプがあります。こ

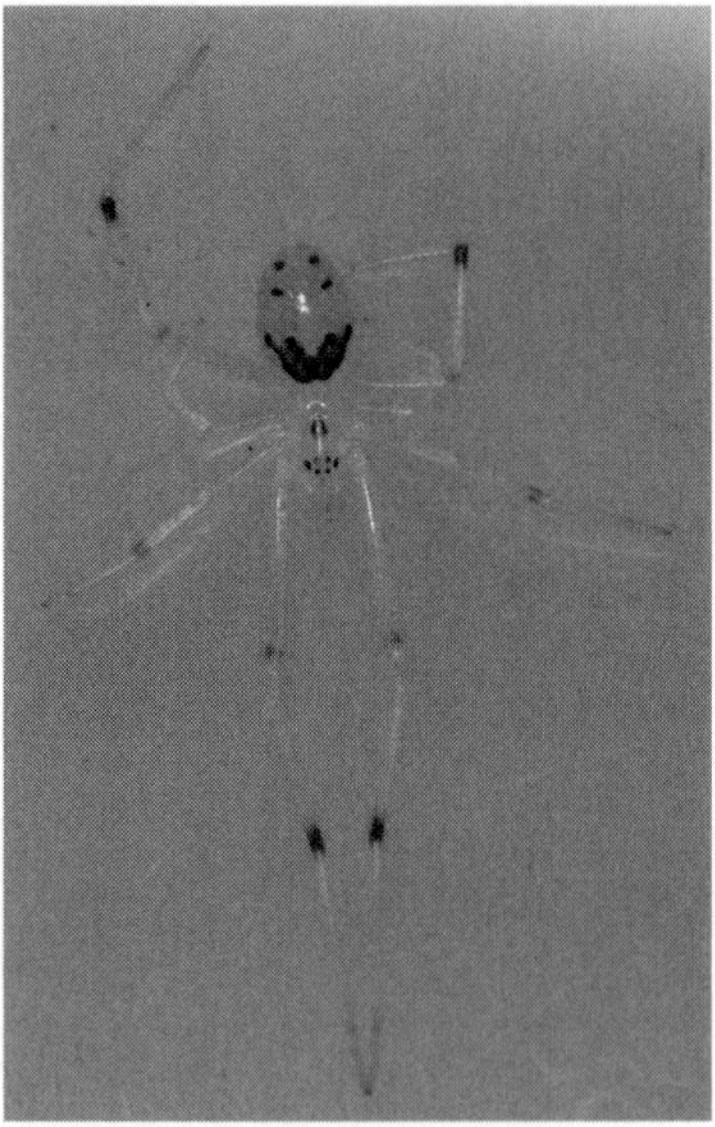

図7-2 ハッピーフェイス・スパイダー
写真はギレスピー博士の厚意による

の不思議な模様は、ハワイの森では天敵である鳥へのカムフラージュになります」

話題は舞台となるハワイの地質に移る。ハワイ諸島は東西に八つの島々が直線的に並び、西の島ほど島の形成年代が古い。これはハワイの島々が乗っている海洋プレートが、年七センチほどのスピードで西に移動しているためだ。火山を作るマグマの吹き出し口の位置は変わらないので、新しい島は常に東端で形成される。できた島が、ベルトコンベアーで運ばれるように、次々と西に移動していくわけだ。

「島々を東に行くと、進化のより早い段階の姿を見ることができます」

ギレスピー博士は遺伝子情報を使ってクモ類の系統関係を調べ、新しく島ができる度に、そこで著しい種の多様化――適応放散が繰り返し起きたことを突き止めた。五百万年前、最初にできた島で、本土から移住してきた種が多様化し、最初の適応放散が起きる。島が西に移り、隣に新しい島ができると、古い島と本土から移住してきた少数の種を起源として、そこで新たな適応放散が始まるのである。つまり東の島にある生態系は、適応放散の初期段階、西の島にある生態系は、適応放散の後期段階、ということになる。

「島ごとにクモの種数を調べてみると、種数は意外にも、少し新しい島が最多で、古い島ではむしろ減っていました」

種の多様性は時代とともに増すのではなく、いったんピークに達したあと、一定のレベルまで減るというわけだ。これは移入と種分化で増えた種数が、絶滅により平衡に至ること――つまり種数が「移住率＋種分化率」と絶滅率のバランスで決まっていることを示していた。

次にギレスピー博士は、ハワイのクモの系統樹を示して、その不思議な進化のパターンについて説明した。

「同じ進化の歴史が、別の島で別の時代に何度も繰り返されたのです」

テトラグナッサの十六種は、緑や褐色など色や形に加え、棲み場所や餌が異なる四つのタイプに分けられる。色や形の違いは、棲み場所と捕食者への適応の結果だ。ひとつの島にはたいていこの四つのタイプの種が共存する。同じタイプに属する種は姿も暮らし方もそっくりだ。ところがそれらは別系統の種なのである。他人の空似だ。これら四つのタイプが、違う島、違う時代に独立に繰り返し進化し、そっくりな種の組み合わせ――「群集」が、繰り返し作り出されたのだ。

同じ環境の下では、同じ系統の種は、同じ性質と同じ群集を進化させる――条件が同じなら、進化は適切になされた実験のように、同じ結果を再現するのである。ただし、そんな理想的な条件は自然界にはめったにない。ギレスピー博士は説明の最後に、こう付け加えた。

「島で起きるこうした繰り返す適応放散の例は、世界で三つしか知られていません。ハワイのクモ類と、西インド諸島のアノールトカゲ。そしてもう一つ。小笠原諸島のカタマイマイ類です。これらの例は、私たちが進化のことを知るために特に重要で、世界的に高い価値のあるものです」

バブルの島

「カタマイマイのどこが重要なんだ。そんなものに価値なんてないよ」

私の講演が終わると、聴衆の何人かが私の元に詰め寄り、そう非難した。三十年ほど前、小笠原諸島の父島で、固有のカタツムリ――カタマイマイについて講演をした時のことである。カタツムリの講演会と聞いて、てっきり害虫アフリカマイマイの退治法の話と思って来てみたら、カタツムリは重要で価値がある、などと言うので腹を立てたのか？「何の役にも立たない研究しやがって」と言う。確かに当時の小笠原では、それが天然記念物であることを誰も意識していなかったほど、カタマイマイはごくありふれた地味でつまらぬ生き物で、とても何かの役に立つとは思えぬ存在だった。

だが、そのとき私に詰め寄って非難した人たちの大半は、実は島民ではなかった。彼らは「仕事」で島にやってきた本土の人たちであった。にもかかわらず彼らはこう言った。

「島民の暮らしとカタツムリと、どっちが重要なんだ」

ギレスピー博士がハワイのクモの研究を始めたのとほぼ同じ頃、私は小笠原のカタツムリの研究を始めた。目的は化石を使った古生物学の研究だったが、比較すべき現生種の情報が不十分だったため、その分類の研究も手掛けていた。ちょうどその頃、小笠原に空港建設の計画が持ち上がった。小笠原から東京まで船で一日以上かかることを考えれば、当然の計画に見える。だが、これには大きな問題があった。

小笠原で人が住む島は、父島、母島、それに自衛隊が駐屯する硫黄島だけ。他は無人島だ。東京都は島民用の小規模空港ではなく、中型機が発着可能な千八百メートル級滑走路をもつ空港を建設し、それを梃《てこ》に小笠原の一大リゾート化を目論んだのである。父島には戦前の飛行場跡があり、そこを整備拡張すれば、島民用の小空港は建設可能だったが、そこにリゾート開発の前提となる大型空港を作るのは難しかった。そこで父島のすぐ北にある兄島に、空港建設を計画したのである。都と小笠原村が委託した開発業者の構想では、兄島やその北の弟島に、リゾートホテルやゴルフ場、プールを建設、また兄島と父島は、橋またはロープウェイで結ぶという、豪気な計画だった。時はバブルの真っ盛り、こんな無謀な事業も、本気で実現できると信じられていた。

ちなみに兄島は、後に世界自然遺産となる小笠原の、最も重要な核心地域である。当然、研究者や一部の住民から反対運動が起きた。私は兄島だけに生息する新種を見つけ、アニジマカタマイマイと命名して発表した。すると空港建設がこれを絶滅させるということで、アニジマカタマイマイが空港反対派のシンボルになった。逆に空港推進派にとってカタマイマイは、目の上の瘤《こぶ》になっていたのである。講演後に詰め寄ってきた者の多くは、空港の事業関係者であった。

役に立つかどうかなんて関係ない

もっとも私は、兄島空港建設の反対運動や、それに役立つ生態系保全の研究には、あまり関わる気がなかった。アニジマカタマイマイの発見で、自分のやれることはやったと思っていた。すでに多くの生態学者が活発な反対運動を展開し、建設の影響評価の研究で成果を挙げていて、自分には彼らほどの貢献はできないと思った。だから役立たずと言われようと、自分は彼らがしないこと、かつ自分が本来すべきこと——進化の研究をしようと決めていた。進化という自然の真理を知るために、カタマイマイは価値がある。だがたとえ真理を究めたところで、空港問題が解決する訳ではなかった。私はしばらくの間、空港問題の雑音が多い父島を離れ、そこから五十キロ南に位置する母島を拠点に、カタマイマイ類の種分化など、進化の研究に没頭することにした。

意外にも母島のカタツムリの実態は、ほとんど未知だった。当時、母島の在来種は大半が絶滅したとされていたが、よく調査してみると、絶滅した種は二割程度で、まだ五十種近く生存していた。カタマイマイ類は母島とその周辺の小島だけで、十二種も分布していた。石灰岩地や海岸砂丘からは、多量のカタツムリ化石も見つかった。そこはまさに進化の研究にとって最高の〝ダーウィンの島〟、自然の実験室だった。

こうして私が進化の研究に熱中している間に、バブルの時代は終焉を迎え、当時の環境庁の反対もあり、兄島の空港建設は断念に至る。さらに空港計画自体も棚上げになった。一九九九年、石原慎太郎氏の東京都知事就任を機に、小笠原を巡る状況は開発から自然保護へと、大きく舵を切ったのである。

第8章 ギレスピー教授の贈り物

少年の憂鬱

　東京から父島まで船で一日、そこからさらに船で二時間以上。母島の総人口は四百五十人程。三十年前からあまり変わらない。小笠原村は、一般的な僻地《へきち》、離島のイメージと違って、住民の平均年齢が低く、出生率も高い。今も昔も住民が若いのである。だがこれは生活の厳しさの裏返し。医療や介護の困難さゆえ、高齢者には厳しい島なのだ。

学生時代、私は生活費と旅費を得るため、母島の民宿で働いていた。春夏の繁忙期の一、二ヵ月、朝夕に接客、配膳、食器洗浄や掃除の業務をする。接客が必要な船の入出港時を除き、昼間は山に登って調査である。

普通こうしたアルバイトに時間を費やすことは、研究を進めるうえで無駄以外の何物でもない。だが、小笠原の場合は少し違っていた。宿泊客や島民は、貴重な情報源となり、客が減る日には、宿の主やその知人が、難所を越えて島の奥地まで私を案内してくれた。宿での仕事を契機に、漁船に乗せてもらえるようになり、周辺の無人島に渡って調査ができた。というわけで当時の無駄な労働は、以後の私の研究に多くの予期せぬ恩恵をもたらした。

そんな私の調査に、一人の小学生が付いてくることがあった。宿の主と親しい島民の息子であった。少年はすぐカタツムリの名前を覚えた。目が良く、樹上にカタツムリを見つけるのが上手かった。母島には小・中学校があり、当時三十人ほどの児童・生徒がいた（これは今もあまり変わっていない）。母島には高校がなく、中学卒業後は父島の高校に行くことが多いが、彼は本土の高校に行くと言っていた。

少年は本土の小学生に比べ、自分たちは学業その他でいろいろ不利だと言い、悔しがった。本土の学校では、高度な理科の実験、観察をしたり、本格的な科学の情報に触れたりできる、それに引き替えこの島では……というのが彼の言い分だった。私は、君が今見ている小笠原の生き物こそ科学の源だ、新しい知識そのものなんだ、と説き、ハンデのおかげで得することもある、と話してみたが、たぶん私の意図は伝わらなかっただろう。少年は中学を卒業する前に、両親とともに本土に転居していった。

私は、自然の価値を理由に、彼らに犠牲を強いているのではないか、という疑念を拭い去ることができなかった。私がしていることは、科学の名を借りた、地域の資源の搾取なのではないか。ではその代償として自分に何ができる？

結局、役立つ研究とは無縁な私にできたことは、自分が小笠原の研究で得た発見や知識を、少しでも多く小笠原の人々と共有し、彼らの知識として還元することだけだった。

カタツムリの島

カタマイマイ属は二、三センチほどの、その名の通り硬い殻を持つ、小笠原固有のカタツムリである。小笠原全域を調査した結果、現在の小笠原には、カタマイマイ属が二十種以上生息していることがわかった。

これらの種は、黄色や薄紫、黒、緑など殻色や、背が高い、平たいなど殻の形に加え、木の上、地面の上など、棲み場所の異なる全部で四つのタイプに区別できた。実験と観察から、色や形の違いは棲み場所と捕食者への適応の結果だと考えられた。どの島にもこの四つ、またはそのうちの三つのタイプの種が共存している。同じタイプに属する種は、外見からはわからない解剖学的な特徴が異なる他は、姿も暮らし方もそっくりで区別が難しい（図8−1）。

遺伝子解析を行ってカタマイマイ属の系統を調べてみると、同じタイプに属する種は、互いにそっくりな姿にもかかわらず縁が遠く、それらは他人の空似であることがわかった。姿形の収斂が起きたのだ。これら四つのタイプは、違う島・地域、違う時代に独立に繰り返し適応放散したのである。

さらに調査を進めるうちに、樹上生活を営むタイプと、地上での生活を営むタイプに、今まさに種分化しつつある集団も見つかった。また環境の急激な変化に適応した結果、十年間のうちに棲み場所と姿形を変化させた集団もあった。

ただし分化して間もない系統の場合、その進化の道筋は、系統が次々と枝分かれする樹木のような姿ではなかった。別々に伸びていた枝が、時に出会って融合し、再び離れるような、ネット

A：兄島	B：母島北部	C：母島中部	D：母島南部
1.キノボリカタマイマイ	1.ヒメカタマイマイ	1.オトメカタマイマイ	
2.コハクアナカタマイマイ	2.アナカタマイマイ	2.ヒシカタマイマイ	2.オトメカタマイマイ
3.アニジマカタマイマイ	3.カグラカタマイマイ	3.アケボノカタマイマイ	3.コガネカタマイマイ
4.カタマイマイ	4.ヌノメカタマイマイ	4.ヌノメカタマイマイ	4.クロカタマイマイ

図8-1　小笠原諸島に生息するカタマイマイ属

ワークの履歴を辿っていたのだ。遺伝的、形態的にいったん分化した集団が出会って交配したり、異なる種が環境変化の後に雑種を作ったりしたことが、遺伝子解析や化石記録から推定されたのである。交雑の結果、極端に扁平な殻や、背の高い殻を持つものなど、いずれの母種にもない形を持つ個体が出現したり、他種との交雑の結果、生活様式が変化し、新たな方向への適応が進んだりしていた。そこで私は、こうした系統の分化と融合の繰り返しが、カタマイマイ属の適応放散を加速させる要因だったのではないかと考えた。

小笠原諸島に棲息する他のカタツムリも調べてみると、やはり反復的な適応放散を示すものがいる一方、エンザガイ類のように一回かぎりの適応放散で多様化を終えたものもいた。ヤマキサゴ類は、集団の分化と交雑が頻繁に生じており、それが形態の著しい多様性の要因だと考えられた。これらとは対照的にキビオカチグサは形の多様性がなく、ひとつの種とされていたものが、実は遺伝的に大きく異なるたくさんの種を含んでいた。

百種以上に及ぶ小笠原のカタツムリは、その小さな閉ざされた空間で、多彩な進化のストーリーを紡いでいた。それはさながら進化の小宇宙とも呼ぶべき、豊かで特別な世界だった。

独自で普遍的な価値

小笠原を世界遺産に、という機運が訪れたのは二〇〇三年以降である。この年、知床、琉球諸島とともに、小笠原が新たな世界自然遺産の候補地に選定された。その四年後、小笠原はユネスコに提出する暫定リストに記載された。その後三年間の準備を経た二〇一〇年、環境省などを中心に政府は、世界遺産登録のための推薦書を世界遺産委員会に提出した。

世界遺産に登録されるためには、小笠原の自然が、「顕著な普遍的価値」を持つことを証明しなければならない。そのためには、十項目ある登録基準のいずれか一つ以上を満たしたうえで、完全性や真実性――登録範囲と保存管理が適切であることを示さなければならない。小笠原がエントリーした登録基準は、「地形地質（歴史の証拠となる重要な地形、地質等）」、「生態系（生物進化の過程を示す顕著な見本）」、「生物多様性（生物多様性の保全上重要な地域）」の三項目だった。

大河内《おおこうち》勇《いさむ》博士をリーダーとする研究者たち――植物、昆虫、脊椎動物、陸貝（カタツムリ）、水生生物、地形地質、遺産価値などの専門家が、それぞれ専門分野の立場から小笠原が有する自然資産の科学的価値を紹介し、これに行政が進める保全管理対策の解説を加え、担当機関が取りまとめたものが推薦書である。これを審査するのがＩＵＣＮ（国際自然保護連合）だ。ＩＵＣＮから依頼された外部評価者（レフリー、小笠原の場合は十名）が推薦書を査読し、その評価結果に基づいて、登録の可否が決まる。科学論文の査読、掲載受理・拒否の仕組みと基本は同じである。審査ポイントは、遺産地域のゾーニングや遺産の保護担保措置が適切か、という遺産管理の問題と、そもそも世界遺産としての価値があるのか、という遺産価値の問題である。後者で重視されるのは、自然資産が持つ科学的な重要性と、他の地域にない独自性である。科学的でグローバルな価値と独自でローカルな価値が、両立していなければならないのだ。

　この審査に大きく影響するのが、ＩＵＣＮが派遣する調査官による現地調査である。小笠原へは二人の調査官が訪れ、行政機関や住民代表らと会合を持つとともに、推薦書に記された動植物、地質など資産を現地で見て、推薦書作成に関わった各専門家の解説を受ける。推薦書の査読の過程では、この二人の調査官が作成する現地調査レポートが重視される。

役に立つかどうかは時の運

専門家の一人として協力を、と依頼を受けた私のミッションは、小笠原のカタツムリの価値をＩＵＣＮに認めてもらうことだった。だがそのために、特別な何かをできるわけでもなく、結局、推薦書のカタツムリのパートのほとんどは、私がそれまで発表してきた進化研究の論文を、要約しただけのものになった。カタツムリに関しては、私自身の進化研究の成果で勝負をかけたわけだ。かくして調査官への解説——室内でのプレゼンと野外での説明は、小笠原の命運を背負い、絶対に失敗が許されないものとなった。どうすれば、あの見た目が地味でマイナーな生物の価値を伝えることができるのか。

私がＩＵＣＮの調査官と初めて会ったのは、東京都知事との会談を終えた彼らが、都庁の一室に通された時だった。二人ともオーストラリア人、一人は国立公園管理の専門家で、主に遺産管理の評価を担当するベテランだ。もう一人、主に自然資産の価値評価を担当するのが、ノーミ・ドーク（Naomi Doak）博士。両生類の進化の研究で学位を取得後、ポスドクとして二年間、セーシェル諸島で陸生ガメの進化と保全を研究し、ＩＵＣＮに職を得たばかりの若手だった。

ドーク博士の経歴を聞き、少し言葉を交わした段階で、私は心の中で勝利宣言をしていた。相手は博士、すなわちプロ、しかも対象は違えど同業者。何に価値を見出すかすぐにわかったのだ。純粋に生物学としての一般性、独創性、確かな証拠による裏付けと信頼性だ。紹介する生物が地味だとか、マイナーだとかはどうでもよい。一方、見た目が派手な種類を面白おかしく紹介してもダメ、むしろ逆効果だ。

私はプレゼンを国際学会の講演と同じ流儀でやればよかった。野外での調査官への説明は、プロ向けに行う野外見学会のそれだった。ドーク博士との討議は、大学に在籍している、ほぼ同世代のポスドクたちとの討議と全く同じノリだった。これまでの研究成果――何かに役立つはずのなかった研究の話を、ただ正確に、余す所なく伝えるだけでよかったのである。私にとっては、運がよかったと言わざるを得ない。

二〇一一年、ＩＵＣＮによる評価結果が発表された。小笠原は、世界自然遺産の評価基準のうち、「生態系――生物進化の過程を示す顕著な見本」に合致する、という結論だった。その内容は、「植物とカタツムリにおいて、進化の貴重な証拠が残されていることを高く評価する」というものだった。この評価を受けて、同年ユネスコは世界遺産委員会において、小笠原諸島を正式に世界自然遺産に登録した。

三十年の時を経て、小笠原のカタマイマイの立場は反転した。今では小笠原村の世界遺産ロゴマークの中央に、あのカタマイマイが大きく、そのシンボルのように描かれている（図8-2）。

図8-2　小笠原村の世界遺産ロゴマークの中央に描かれているカタマイマイ

サイエンスの島

世界遺産登録後の小笠原で特に大きく変わったのは、島民の自然への向き合い方だろう。今では多くの島民が、自然に対して深い知識を持つようになった。自然に魅かれ、新たに移り住んだ島民も増えた。また小笠原の小・中・高校も、環境教育のレベルが著しく向上した。まず教員のレベルが高く熱心だ。総合学習や理科の課外学習も充実している。加えて生態学や進化学の一線の研究者が島を訪れ、学校で講義をしたり、野外観察を支援したりする。母島の小・中学校でも、本土の専門家による講義が行われ、博士や修士の学位を持つ母島在住の生態学・進化学の専門家が、児童や生徒たちの野外観察や自由研究などの課外学習をサポートしている。

世界遺産登録は、海外の研究者も小笠原に惹きつけるようになった。そのひとりがローズマリー・ギレスピー博士である。

私がギレスピー博士と最初に会ったのは二〇〇五年、東北大学で行われた進化学会の国際シンポジウムであった。このシンポジウムの講演者は、私と海外からの招聘者四名の計五名。シンポジウムを企画した河田雅圭博士が、海外招聘者の一人に、ギレスピー博士はどうか、と提案したのである。

講演後、私の研究に興味を持ったギレスピー博士は、機会があれば小笠原を訪れてみたいと言った。そして世界遺産登録後は、是が非でも行きたい、と強い意欲を示すようになった。間もなくその機会が訪れた。小笠原のＮＰＯの知人と小笠原村の職員から、村の世界遺産関連イベントに海外の著名な研究者を招き、講演会や住民との交流会を開きたいので、誰か紹介してほしい、と打診を受けたのだ。私はギレスピー博士を紹介した。折よくギレスピー博士の研究室には、アシュリ・アダムス氏という日本語が得意な大学院生がおり、彼女が通訳をしてくれることになった。

二〇一六年十月、ギレスピー博士は小笠原を訪れ、そして母島にやってきた。

ギレスピー教授の講義

「皆さんは〝島〟と聞いて何を思い浮かべますか」

ギレスピー博士の講義は、聴衆へのそんな問いかけから始まった。その聴衆とは、全て小学生と中学生——母島の子供たちであった。場所は学校の体育館を兼ねた小さな講堂。講義を聞いているのは、島の全児童・生徒合わせて三十五人程。

実は前章で紹介したギレスピー博士の講義は、この母島で行われた、小・中学生のための講義の一部を、ギレスピー博士の厚意により再現したものである。子供たちへの逐次通訳を、アダムス氏が完璧にこなしたため、子供たちはバークレー流の講義を完全な形で体験することになった。

講義が終わると、子供たちはギレスピー博士とアダムス氏の周りに群がり、質問攻めにした。クモのこと、進化のこと。ある女子中学生は、「クモがいろいろな島で同じ姿に進化するように、生命も他のいろいろな星で、やはり人間と同じ姿に進化するのでしょうか」と尋ねた。ギレスピー博士は、

「面白い質問！　でも断定はできませんが、その可能性はあまり高くないでしょう。まずハワイの島はどれも環境がほぼ同じですが、他の惑星が地球とほぼ同じ環境、ということはあまりないと思います。それにハワイのクモの場合、進化の出発点がすでにクモなので、いわば使い慣れた道具を使う変化です。一方、他の星では進化の出発点は生命のスープです。それ以後の長い歴史では、多くの偶然が地球とは違う進化の道筋に、生命を導いてしまうでしょう」

私は小学生たちに、講義の印象を尋ねてみた。

「難しかったけど、面白かった」

　ギレスピー博士は、この答えに満足したと思う。なぜなら、彼女は講義の前にこう話していたからだ。

「子供だからといって、話のレベルを下げる気はありません。もちろんわかりやすく、彼らの知る言葉を使い、彼らの知識でも理解できるように説明することは大切です。でもそれは、子供への先入観に合わせて話をすることではありません」

　ギレスピー博士は小・中学校講堂での講義だけでなく、子供たちを連れてクモの野外観察も行った。児童・生徒に加え、評判を聞いて保護者も参加したため、島の遊歩道は長い行列ができて大変な賑わいになった。子供たちは、クモを見つける度にギレスピー博士とアダムス氏を呼び、質問攻めにした。ギレスピー博士は、その度に「エクセレント！」と子供たちを褒め、一人一人に丁寧に説明した。

　観察会の最後にギレスピー博士は子供たちにこう話した。

「クモはたいてい誰にも気づかれないか、嫌われ者の存在です。でも生態系の中で、とても重要な役目をしています。目立つ生物だけを大切にするのではなく、目立たぬ生物、マイナーな生物も、等しく大切にしなければなりません」

これ以後、しばらく母島の児童・生徒の間で、理科自由研究のテーマに、クモが人気を集めたそうである。

＊　＊　＊

母島での滞在を終え、定期船に乗り島を離れるギレスピー博士を、子供たちが港に見送りに来ていた。汽笛を鳴らし、船がゆるやかに岸壁を離れると、子供たちはいっせいに駆け出した。船の後を追うように、手を振りながら岸壁を走った。そして子供たちは最後、岸壁の先端で鈴なりになって手を振り続けた。船の甲板で、そんな子供たちの姿を見て、ギレスピー博士は手を振りながらこう言った。

「素晴らしい子供たち。みなバークレーに連れて行けたらいいのに」

子供たちにとって、この言葉は最高の贈り物だったに違いない。私はいつか彼らが、自らのローカルを武器にグローバルに活躍する日が来るだろうと信じる。そんな彼らが再び島に戻った時、彼らはきっと困難を乗り越え、世界を魅了するような島を創り上げるだろう。

島影が海の彼方に見えなくなった頃、そのスコットランド出身の博士はこう言った。

「私がもっと若かったら、日本に住んで小笠原の生物を研究したと思います」

第9章 ロストワールド

出迎え

そのスコットランド出身の若き博士が成田空港に降り立ったのは、二〇〇一年のことだった。日本に住んで小笠原の生物を研究するためである。

博士の名は、アンガス・デビソン。英国の名門インペリアル・カレッジ・ロンドンを卒業後、エディンバラ大学で学位を取得、ノッティンガム大学のポスドクを経て、はるばる日本にやってきたのだ。私は空港の到着ロビーでネームボードを抱え、彼の到着を待っていた。

アンガス——いつもの習慣に従って、ここでも彼をそう呼ぶことにする——に会うのは、これが初めてだった。履歴書の取り澄ました写真と華やかな経歴、それに由緒ある家柄の出身だというので、少し華奢《きゃしゃ》でお洒落な英国貴族風の紳士が現れるのだろうと期待した。きっと『ファンタスティック・ビースト』シリーズで、魔法動物学者を演じた英国映画界の貴公子、エディ・レッドメインみたいな学者系男子に違いない、と。だが私の前に現れたのは、それとは似ても似つかぬミリタリールックのコワモテ系。トム・クルーズ——肉体派ハードアクションの貴公子——の如きタフガイであった。

その一年ほど前、私のかつての留学先——ノッティンガム大学のブライアン・クラーク博士から、遺伝学が専門のポスドクを、ひとり受け入れられないか？　と打診を受けた。私はちょうど東北大学に着任し、新しく研究室を立ち上げた直後で、研究活動の即戦力となる人材を求めていた。ちなみにクラーク博士は、生物学で世界最高レベルの賞とされるダーウィン・メダルの受賞者である。

メンバーが足りず四苦八苦している新造サッカーチームに、英プレミアリーグ・マンチェスターシティを率いる名将グアルディオラ監督から、ひとり選手を紹介しよう、ともちかけられたようなもので、打診を断るはずがなかった。小笠原のカタマイマイで進化を研究するのが、そのポスドクの希望だという。渡りに船とはこのことだ。本人とは、主に研究計画についてメールを数度交わしただけで、どんな人物か気に留めることもなく話はさっさと進み、かくしてそのポスドク――アンガスが、私の研究室の一員となったのであった。

まさかのハードボイルド

それはちょうど、粋で洒落た文芸作品と信じていた映画が、硝煙と爆風と猛スピードのアクションシーンで始まったようなものだった。

私はひどく息を切らし、樹木が密生した急斜面をやっとの思いでよじ登っていた。目の前にタコノキが無数の長い気根《きこん》を蛸の足のように出して立ち上がっている。その鋭利な鋸歯《きょし》で縁取られた細長く硬い葉は天然の鋸《のこぎり》、それがウニの棘《とげ》のように放射状に密生した樹冠は、林内に浮遊する機雷である。迂闊に手を触れれば、皮膚がすぱっと切れる。さらにその傍らのビロウ樹は、長い葉柄《ようへい》に鋭い棘がサメの歯のように並び、知らずに当たれば突き刺さる。緑の凶器である。

私は用心深く、そんな危険な障害物を避けて少しずつ前進する。一方、前方ではアンガスが、樹木を力強くかき分けながら、何か特殊な動力で駆動されているかのように、ぐいぐいと急斜面を登って行く。だいぶ差がついてしまった。だがそんなタイミングで彼は立ち止まるので、なんとか追いつくことができる。もっとも彼は別に私を待つために立ち止まるのではない。陸貝を探しているのである。

私はアンガスに小笠原でのフィールドワークはあまり期待していなかった。ラボワークは一流でも、島でのハードな仕事は体力的、精神的にも難しいだろうし、言葉の問題や文化の違いも障害になるはずだ。代わりに分子遺伝学の新しい知識と洗練されたテクニックを駆使して、すでに研究室に保管されている試料を解析してくれれば十分だった。だが彼は、陸貝の調査地や試料の採集地点が印された私の調査地図を眺め、この何の印もない空白の地域は何かと問うた。十五年もかけた私の調査とはいえ、小笠原の地形はどの島も険しく、たどり着くのが困難な未調査地域はどうしても出る。

誰も調べていないのなら、調べなければならない——彼はそう主張した。まだ誰もやっていない、誰も見たことがない、誰も真実を知らない——こうした言葉は、彼の闘志に火をつけるのだ。というわけで、私はアンガスとともに小笠原に向かい、母島とその属島でフィールドワークを開始した。

その時初めて知ったのだが、実は彼は過去に中南米の蝶・ドクチョウ類の研究のため、中米の熱帯雨林で豊富なフィールドワークを経験していた。小笠原の森には毒蛇も毒虫もマラリアもいない。ゲリラや強盗の襲撃に遭うこともない。中米に比べれば安全である。だが油断禁物だ。凶器のような植物がある。それに山中には、戦時中に日本軍が築いた構造物が土に埋もれ残っている。迂闊に上を歩くと穴に落ちたり、飛び出た釘を踏み抜いたりして大怪我をする。破傷風もあるので、怪我は命取りになりかねない。加えて不発弾が埋まっていたりする——そう危険性を列挙しても、彼は全く意に介さなかった。それどころか、母島属島での調査中に、信管の外れた古い手榴弾を見つけた時のこと、彼はそれをむんずとつかむと、フンッと遠くに放り投げたのだ。一瞬血が凍ったが、幸い爆発はしなかった。

じゃあ出来ない者はどうしたらいいんだ

私たちは母島の属島の一つ、向島《むこうじま》を調査のため何度も訪れた。この島のカタマイマイ類は色と形に特異な変異を持ち、種分化の途上にあると考えたからだ。向島のような無人島に行く時は、漁船をチャーターし、磯渡しをしてもらう。磯渡しが難しい時は、漁船から直接海に飛び込み島まで泳ぐ。私の定宿の主は漁船の船長で、飛び切り優れた操舵の腕を持つベテランなので、頼るのはこの船長だ。当初、言葉が通じないのは危険、とアンガスが船に乗ることに難色を示した船長だったが、何度か磯渡しをした後には、なぜかすっかり彼を気に入ってしまった。「出来る者どうし、分かり合うのに言葉なんて要らないよ」と高笑いする船長の傍らで、「ワカル」と言って笑うアンガス。私には意味不明であった。だが、私は後に恐怖の体験を経て、その意味を理解することになる。

その日、朝から凪《なぎ》の海況が午後になって急変した。海の異変を伝える船長からの無線を受け、私たちは向島での調査を打ち切り、海岸に急いだ。すでに海は大荒れで、磯渡しは無理に思えた。船長に浜から船まで泳ぐ旨を無線で伝えると、波が荒く泳ぐ装備をしていない状況ではかえって危険だという。そこで船長の指示に従い、波が弱く船がなんとか近づけそうな岩場に移動した。するとアンガスは、私が通訳する前にもう船長が指定した岩の上に立っている。

磯には激しく波が打ち寄せる。船は波が一時的に弱まる瞬間しか岩に近づけず、すぐに波に引き戻されてしまう。しかも船の舳《へ》先《さき》は二メートル近く上下する。アンガスは、まず自分が試してみて大丈夫なら、あなたも大丈夫だ、と言う。そして船が最も岸に近づいた瞬間、彼は上下に大きく動く舳先に、さっと飛び乗った。船長が、ヨーシ、オーケーと声をかける。アンガスはこちらを向き、大きく手を振り上げてカモンと叫ぶ。やむなく覚悟を決めて、私は次に船が岩に近づいた瞬間、岩から舳先に向けてジャンプした。

だが私は目測を誤り、そのまま海に落ちてしまった。もし経験の浅い船頭の船だったら、岩と船の間に挟まり、私の命はなかったかもしれない。船長とアンガスに船上へ引き上げてもらった私は、出来るかどうかは、出来る者どうししか分からないのだと思った。

思いがけない冒険

「あの東崎《ひがしざき》という場所は、まだ誰も調査をしたことがない」――これは彼の前では禁句だった。後悔したがもう遅い。

母島の東側に突き出した五十ヘクタール程の小さな半島がある。オタマジャクシ形で、その細長い尻尾の先端が母島の主部と接続している。その胴体の部分が東崎と呼ばれるエリアだ。半島全体がほぼ垂直な断崖で囲まれているので、東崎に行くには、母島の東側から、尻尾の部分――切り立つ剃刀のような岩の上端を歩いて渡らねばならない。無理だ、危険すぎて誰も行けないから調べてないのだ、それに面積が小さすぎて、あそこに陸貝がいるとは思えない、と主張してみたが、我々は行かねばならない、とアンガスは譲らない。なんてエキサイティングなんだ、誰も調べてないなんて――そんな彼の言葉を聞いて、我々はバケーションに来たわけじゃない、と言いそうになるのを私はぐっとこらえた。

夜明け前に宿を出た私たちは、三時間ほどかけて島の脊梁《せきりょう》山地を越え、東崎の付け根の位置に達した。遠望すると、緑が霞む東崎まで、両側が五十〜八十メートルの高さで絶壁をなす剃刀のような痩せ尾根が七百メートルほど続く。幅は一メートルもなく、岩はすぐボロボロと崩れる。尾根の上にかろうじて草や灌木が竜の背のように生えており、それに摑まりながら、崖の縁を進む（図9‐1）。やがて植物は消え、尾根は幅五十センチ程の脆《もろ》い岩場となった。足元は左右両側が絶壁でその遥か下に白く波立つ青い海が見える。『ロード・オブ・ザ・リング』のワンシーンのような非現実的な光景である。そんな岩場をひょいひょい身軽に進むアンガスを追って、私はそろそろと岩にしがみつきながら必死の思いで前進する。

ようやく刃先のような岩場を乗り切った。尾根の幅は十メートル程に広がった。東崎まであと少しだ。だが実はそこからが最大の難関だった。無数の機雷のようなタコノキが、びっしり尾根を覆っていたのだ。どんな大鉈《おおなた》でも、容易には切り開けそうにないタコノキの太い幹と気根が立

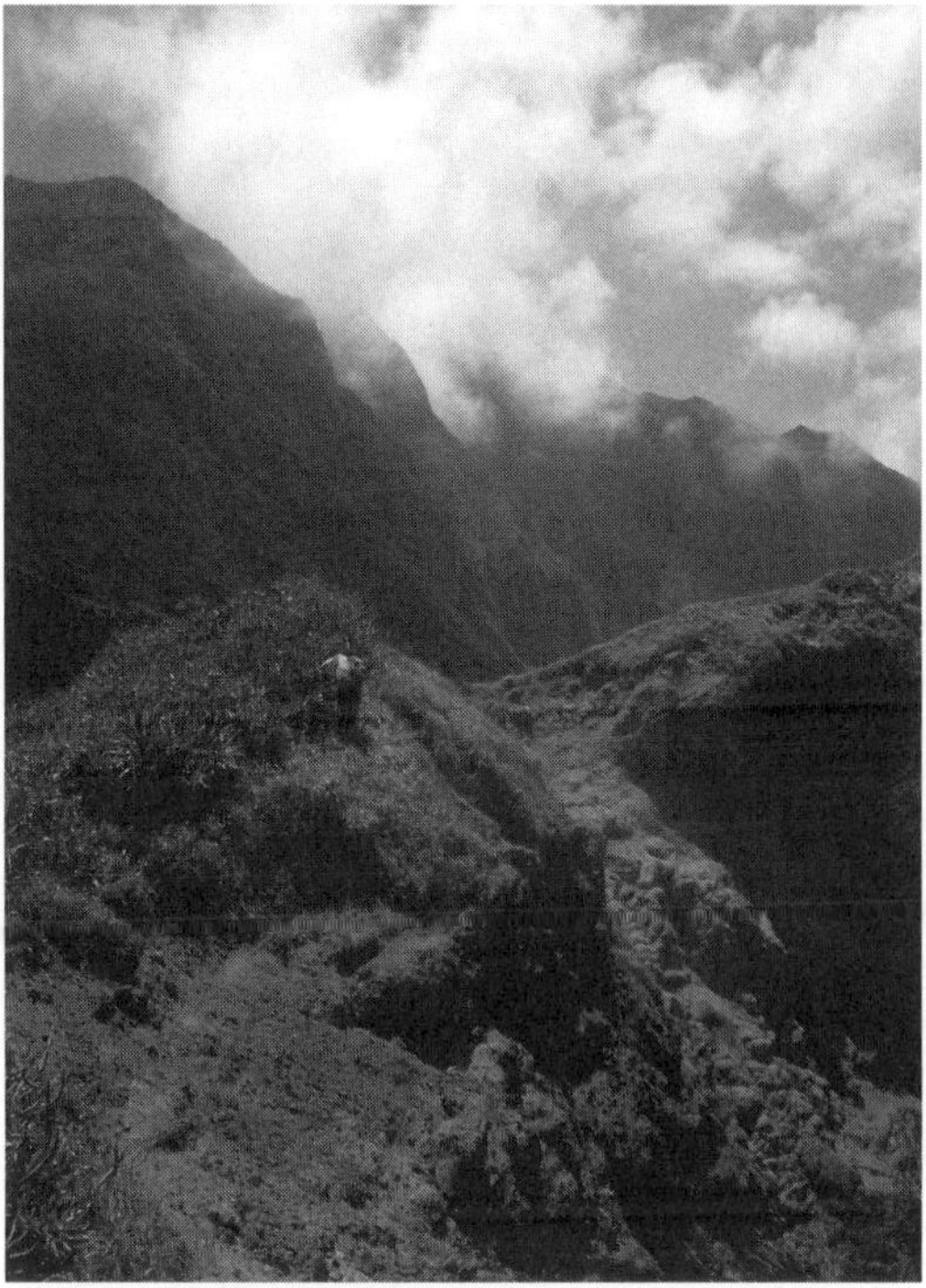

図9-1　東崎への道
背後は母島稜線部。 写真内の人物は筆者
撮影・提供：Angus Davison博士

ちはだかる。その藪は、進軍を阻むシールドのようだった。私たちは気根の狭い隙間から、匍匐《ほふく》前進で藪に突入する。だが前方は匍匐する樹冠で完全に塞がれている。鋭利で硬い鋸状の葉が行く手を封じているのだ。隙間を求めて藪の中で迂回を繰り返すうち、尾根の縁に来てしまった。危険だ。滑落する。

アンガスは、滑落の危険を避けるため、方向を定めてまっすぐに藪を突破する、と言う。そしてGPSとコンパスで進路を定め、真っ向からタコノキの機雷群に突っ込んだ。ズバンと服が皮膚ごと裂ける音がする。それに怯《ひる》むそぶりもなく、突撃を繰り返す。爆風と硝煙をものともせず前進する戦士のような強引さだった。だが、緑の機雷群の壁は厚かった。

時間切れだ、これ以上は危険——彼は冷静に結論を下した。

「我々は撤退する。だが過去に誰も調査したことがない未知の土地に可能な限り近づいた」。そう言って彼は踵《きびす》を返した。

私たちは同じ困難なルートを再び辿って帰還した。宿に着いた時は、夜もだいぶ深《ふ》けていた。心配して出迎えた宿の女将が、玄関で私たちの姿を見て仰天した。アンガスは服がボロボロ、ズボンは裂けてクラゲ状になり、血が滴《したた》っていた。女将はアンガスに、すぐにその場で服を脱ぎ、シャワーを浴びて体を消毒するよう命じた。いつもは穏やかな女将が鬼の形相で仁王立ちである。身振り手振りで「スッポンポン、スッポンポン」と叫ぶ。さすがの彼も首をすくめ、服（というより布切れ）を脱ぎ、廊下に血痕を残しつつ浴室に去った。

奇跡は諦めない奴の頭上にしか降りてこない

あと一歩の所で引き返したせいだろう、今度は私の方が諦めきれなくなった。リベンジを決意し、村で聞き込みをしたところ、あの尾根とタコノキの藪を抜け、ごく短時間ながら東崎に滞在したことのある島民がいるという。ハヤト氏というその人物に、早速会って話を聞いてみた。島の自然、特に鳥に詳しく、未知の場所への興味から、島の各所を巡っていたという。支援を依頼すると、快く引き受けてくれた。

三日で体の傷を完治させたアンガス、ハヤト氏、そして私の三人は、夜明け前に村を出発し、山稜を越え、痩せ尾根に出た。頭にタオルを鉢巻のように巻いたハヤト氏は、忍者のような軽い身のこなしで、刃先のような岩場を巧みに伝っていく。一時間ほどで痩せ尾根をクリア。そして目の前に、再びあのタコノキの機雷群が不気味な姿を見せた。ハヤト氏は、それをじっと眺めている。何をしているのか、とアンガスが問うので、ハヤト氏に聞いてみると、藪に隙間のある弱点を読み、進むべきコースを記憶しているという。大体覚えたというハヤト氏の先導で、タコノキの気根の隙間から藪の中に潜り込む。凶器のような葉、体に絡みつく強靭なゴムのような気根。ほとんど匍匐前進で、ハヤト氏が記憶したコースを辿る。危険で狭い洞窟をずっと進んでいるようだ。

どれくらい時間がたっただろう。閉塞感が突然消え、視界が開けた。むき出しの赤土の緩やかな斜面の向こうに、緑の木々が見えた。ついに目的地に着いたのだ。

そこは意外に広く、シマイスノキやビロウの豊かな森が広がっていた。驚くべきことに、林床は陸貝で一杯だった。落ち葉の上や下には、足の踏み場もないほどたくさんのカタマイマイ類が転がっていた。黒い円錐形の種と黄色の地に二本の縞がある球形の種だ。これまで見たことのないタイプだった。後の遺伝子解析の結果、前者は普通ピンク色でやや扁平な殻をもつアケボノカタマイマイの仲間、そして後者は木の上に棲むオトメカタマイマイの仲間だった。東崎の小さな世界で、彼らは独自の進化を遂げていたのである。

だがさらに驚くことがあった。そこで私たちは、百年前に発見されて以来、一度も見つかったことのないカドエンザガイと、最近五十年間見つからず、絶滅したと信じられていたヨシワラヤマキサゴを見つけたのだ。さらにハハジマキセルモドキやハハヒメベッコウなど、外来種のせいで母島でほとんど姿を消したと考えられていた種が群れていた。ここは人を寄せ付けぬ隔離された世界。開発や外来種の影響を受けることなく、有史前の母島の陸貝世界を今に残すロストワールドだった。ところでハヤト氏の存在は、アンガスに強い印象を残したようだ。後に発表したカタマイマイの新種（*Mandarina hayatoi*）には、アンガスの提案に従い、その種名にハヤト氏の名が冠されている。

仕事と遊びの違いって何だろう

フィールドワークは、アンガスにとって楽しみを得るバケーションなのだ、と私は思った。だが、それこそが思いがけない発見を導いたのである。調査を楽しむ者の元に発見は訪れるのだ。これを知る者はこれを好む者に如かず、これを好む者はこれを楽しむ者に如かず、と『論語』にある通りだ。

学生の頃は自分もそれを楽しんでいたはずだった。だがいつしか、私のフィールドワークはデータを取るための作業になり、論文を書くための手段になった。仕事なのだから楽しんではいけない、と心に蓋をしたのかもしれない。でもそれは間違いだ。楽しんでよいし、楽しむべきなのだ。私もフィールドワークを昔のように楽しもう。

一ヵ月に及ぶ母島での調査は、残すところ五日となっていた。私は残りの日々、フィールドワークを、未知なる世界の探索を、バケーションのように楽しむことにした。すると不思議に体が軽く、疲れも感じない。その日、山で私はアンガスの前を歩いた。今日は何か素敵な発見ができる気がする。そんな予感を胸に、元気よく踏み出した私の足裏を、いきなり激痛が襲った。見ると、靴底を貫通して、長い古釘が足裏に突き刺さっていた。地面に隠れていた構造物から釘が出ていて、それを踏んでしまったのだ。靴を脱ぐと靴下が血で赤黒く染まっていた。アンガスは怪我の確認と応急処置のため、私を仰向けに寝かせた。空が何かとても青く見えた。

アンガスはリュックを腹側に掛け、私を背負うと、山の斜面を猛スピードで駆け下りた。木々が無数の流星群となって視界を過ぎていった。イーサン・ハントが負傷者を背負って戦場を駆け抜ける時、背負われた負傷者には世界がこんな風に見えるのだろうと思った。

村の診療所で治療を受けた後、私はアンガスに、とても調査はできそうにないが、どうするか、と尋ねた。すると彼は、「一人でもできる調査はある」と答えた。そして「我々はデータを取るためにここに来た。バケーションで来たわけではない」と言い残し、再び山を駆け登って行った。

第10章

深い河

コワモテな学生

「彼をハッピーにしてやることは、私には不可能だ」

アンガスは無表情のまま、私の依頼を素気《すげ》なく断った。とある修士一年の大学院生に、遺伝子実験の技法を教えてやってほしい、とアンガスに頼んだのである。君に直接教えてもらえるのは、彼にとって幸せなはずだから、と。だが、そんな私の期待をアンガスは、あっさり砕いてしまった。

　私の所属学科では、学部生は四年生になると各研究室に配属され、指導教員から与えられたテーマで研究活動に取り組む。そして多くの学生はそのまま大学院に進学し、同じ研究室で研究を継続する。その学生――ここでは仮にミウラ君と名付けよう――は、二十年前、この大学で研究室を立ち上げた私が、最初にメンバーとして受け入れた学生の一人である。

　研究室に配属を希望する、として私に会いにきたミウラ君は、無愛想で直截《ちょくせつ》、退いたり媚びたりとは無縁そうな学生だった。なんだか『北斗の拳』に登場するサウザーみたいだと思った。彼は空手部主将で、その流派の全国大会で準優勝する程強いらしい。その彼がもうひとつ愛好するのが、ビーチ上の格闘技とも呼ばれるサーフィンである。史上最強の格闘家と称されるヒクソン・グレイシーも、サーフィンの愛好者として有名である。武術とサーフィンの間には、戦う相手が人か自然かという違いはあっても、真剣勝負という面で通じる所が多いのだろう。

　さて初対面の場、ミウラ君は眼光鋭く、私をにらみつける。立ち昇る殺気。だが私は部活や趣味などという無駄な事には何の興味もない。大学は学問の場。知りたいのはここで何がしたいのかだ。私は放たれる殺気を搔《か》い潜《くぐ》り、どんな研究に関心があるのか尋ね、彼が持つ知識や関心について、探りを入れてみた。どうやら海の生物が好きで、その研究がしたいらしい。なぜ彼らは、海という特別な世界に棲んでいるのか、その不思議さに魅かれる、と言う。面白いことを言うと思った。何より勉強熱心。見かけによらず繊細で、高い潜在能力が仄見《ほのみ》えた。私は、彼の意欲と可能性に魅せられ、大きな期待を抱いて彼を研究室の最初のメンバーとして迎え入れた。

海から陸へ

この頃、私は二つの研究プロジェクトで研究資金を得ていた。ひとつは小笠原の固有陸貝の研究、もうひとつは、なぜ海洋生物は陸上に進出したか、その謎を解く研究である。ミウラ君には後者の研究を担当してもらおうと考えた。

研究材料は日本全国の干潟に多産するホソウミニナ。細長い三センチほどの長さの巻貝だ（図10－1）。形に大きな個体変異がある。またこの種はプランクトン幼生期を持たないという特徴がある。私はそれが干潟で今まさに種分化の途上にあり、新しい種が海から陸へと進出している最中なのだと考えていた。

干潟の中で陸に近い場所は乾燥し、貝が生きるには不利だが、その代わり天敵や競争相手が少

図10-1 ホソウミニナ

ない。一方、海に近い側はその逆である。だから一方の側に有利な性質は他方には不利になる。このトレードオフのため、陸に近い棲み場所と、海に近い棲み場所に、それぞれ適応したタイプが生まれる。するとその適応の副産物として、両者の間で繁殖時期がずれたり、交尾行動に違いが生じたりして、生殖的隔離が進化するだろう。この種分化を経て、陸上により近い環境に棲む種が生まれる。新しい環境への進出と種分化が連動して進むのである。このプロセスの繰り返しで、海から陸への生物進化が起きる、というのが私の仮説であった。

だがこのプロジェクトはまだ着想して日が浅く、基礎となる情報が不足していた。だからミウラ君のミッションは、干潟で採取したホソウミニナを計測し、形態解析から、陸に近い棲み場所と海に近い棲み場所で形に差がある、という仮説をまずは検証することだ。

ミウラ君は、研究の道に進んでみたいと言い、大学院修士課程への進学を希望していた。私は研究室の大学院生を、プロジェクトに携わる研究チームのメンバーと考えていた。目指していたのは、各メンバーが割り振られたミッション――研究課題を解決していき、最終的に目標とする大きな課題の解決を果たす、という欧米流の研究スタイルであった。

それはちょうどプロサッカーチームのようなものだ。チームの選手は研究室のメンバーだけでなく、他の研究機関や、過去のメンバーも含む。ゴールラインからパスを繋ぐように、各メンバーが得た成果、論文を土台として、別のメンバーが次の研究を進め成果を得る。そして最後にゴール、つまり目標とする問題の解決とインパクトのある論文の発表を達成するのである。大学院生はチームの戦力であり、与えられた役割――テーマで成果を挙げ、スキルを磨き、その技術と実績を引っ提げて、国内・海外の強豪チーム、すなわち国内外の有力ラボにポスドクとして移籍し、給料を手にする。若い研究者はこうしてポスドクなど任期付きの職を転々としつつ研究実績を積んだ後、大学等の研究機関に定職を得て、自身の研究室を立ち上げるのである。

しかしこれには研究業績に加えて運も必要だ。プロ進化学者への道は、そこに至るまでもその先も茨の道である。ただし海外では研究機関の職だけが、ポスドクの目標ではない。その実績と経験を活かして、企業や行政、メディア、NGOなどでプロとして活躍する者も多い。そうした中には、学位取得後数年の若さで、その専門性を武器に、一国の国家事業を左右する仕事を任される者もいる。[※注1]

一方、私の主な役目は研究プロジェクトの立案、マネジメント、そして資金獲得。サッカーに例えれば、チームのオーナーであり監督でありスポンサーだ。選手が足りなければ選手も兼ねる。

ミウラ君は、私のチームの大きな戦力になるだけでなく、将来は海外に渡り、一流の研究者と

※注1　第8章に登場のドーク博士がその例だ

して活躍する素質がある。彼に与えるミッションは地味だが、チームとしては基礎を固める重要な仕事だ。自陣で攻撃を組み立てる仕事である。小笠原のプロジェクトには、前線にアンガスという強力なゴールゲッターがいるので、彼めがけて縦にロングパスをポンポン放り込めば、ゴール、すなわち一流誌に論文を発表してくれるが、こちらのプロジェクトはそうはいかない。

ただしミウラ君は、その時まだ学部生——基礎体力を鍛える段階だった。そこでまずは生態学と遺伝学の教科書を数冊ずつ渡し、マスターさせた。次に種分化の理論や貝類の生態、進化に関する論文を大量に渡し、卒業研究の代わりとして内容を纏めてもらった。大学院修士課程の入学試験も無事合格、およそ半年が過ぎたところで、満を持して彼にこれから行う研究テーマを提示した。

渚にて

私はミウラ君を乗せて仙台近郊の調査地に向け、車を走らせていた。彼がこれから取り組む研究課題について説明するためだ。ところで君は、なぜ海の生物が好きなのか？　と彼に尋ねると、もともと海が好きで、サーフィンをしているうちに、広大な海を棲処《すみか》としている綺麗な生き物たちに魅かれた、と答える。その時ふと、小さな、だが深い認識のギャップの存在を感じ、私の中に不安が首をもたげた。

車窓を通して海が見えた。青く煌《きら》めく海原が水平線の彼方まで広がる。その手前では、真っ白い波が勢いよく砕けていた。彼は視界に広がる海を眩しそうに眺める。だが車は徐々に海岸を離れ、やがて海は視界から消えた。周囲は畑や水田となり、起伏に富む地形が視界を塞ぐ。二次林で覆われた丘を越えると、急に視界が開けた。私は道路脇にスペースを見つけてそこに車を止めた。

「ここ、どこですか?」

不審そうにミウラ君が尋ねる。私はそれに構わず、こっちだ、と彼を連れて道路脇の小道を降り、藪を抜ける。コンクリートの堤防を越えると、打ち捨てられたプラゴミや錆びたドラム缶、牡蠣がびっしり着生した岩が転がっている。その向こうには黒い泥沼が広がっていた。

私はそこで彼が行う研究テーマについて、概要を説明した。そして足元に落ちている小さな汚い棒のようなものを拾い、彼に手渡した。

「これがホソウミニナだ」

黒い泥沼の向こうに見えるのは、海、というより巨大な茶色の水溜りだ。彼は自分の掌に置かれた、小さな黒く醜いものを無言で見つめていた。それからゆっくりと顔を挙げ、彼方に目を向けてから、再び手元に目を落とした。そして横目で鋭く私をにらみ、こう言った。

「何ですか、これ」

いや、だからこれがホソウミニナだから。君の研究対象だから。ウミニナ＝海蜷＝海の巻貝の意味だから。君の好きな海の生き物だから。

彼の漂わせている殺気が、いつになく強い気がした。

＊　＊　＊

春が過ぎ、夏になってもミウラ君の研究は進まなかった。サーフィンにはよく出かけているが、干潟には行っていないようだった。悩んだ私は、研究内容を遺伝子解析に変えてみようと思った。ホソウミニナにどんな遺伝的変異があるかを調べるのである。そこでアンガスに実験指導を頼んだ——その結末が冒頭のアンガスの台詞《せりふ》である。やむなく私が彼に教えてみたが、実験はうまく行かなかった。そして彼は無愛想にこう言った。

「この研究って、何の役に立つんですか？」

だが問題はこれだけではなかった。コワモテ系の二人の出会いは、大抵バトルで始まる。ミウラ君とアンガスは平日、ほぼ毎日のように顔を合わせているにもかかわらず、一切言葉を交わすことがなかった。実験室の中で、二人が何か不機嫌そうにしている場面に出会って、両者を隔てる深い溝を感じ、ひどく心が痛んだ。

私は河を渡って集いの地に行きたい

「これから四ヵ月の間、インドに行く」

ミウラ君の宣言に私は言葉を失った。その年の八月のことである。研究に一番大切なこの時期に、四ヵ月も？　ただでさえ進んでいないというのに。なぜインドに？　と問うと、本屋で偶然目にした『深い河』を読んだからだ、と言う。帯に大きく〝愛とは何か。〟と記された、遠藤周作の著作である。愛と人生の意味を求めてインドを旅し、ガンジス河を訪れる人々の物語だ。深い河――ガンジス河をどうしても見なければならぬ、彼はそう決意し、資金を貯めていたのだった。

彼の研究どうしよう、私のプロジェクトはどうなる――私は狼狽して頭を抱えた。だが彼が今さら退いたり省みたりするような人物でないことはわかっていた。愛などいらぬ、と叫びたい気持ちを押し殺し、私は可能な限り定期的にこちらに連絡をよこすことを条件に、彼のインド行きを認めた。

インドに旅立って間もなく、人が沢山いる、凄い所だ、と記した彼からの短いメールが来た。その二週間後、ついにガンジスの畔《ほとり》に着いた、と知らせるメールが来た。そこには河辺から煙が上がっていること、河を眺めながら、命とは何か、自分とは何なのかを、ずっと考えていることが書かれていた。その数週間後、再び送られてきたメールには、制度に縛られ、自由に仕事を選べない人々に沢山会ったこと、それから自分の話を面白い、と聞いてくれる旅人に沢山会ったことが書かれていた。次に、これから北に向かう、と記されたメールが来て以降、連絡はぱったりと止んだ。

さすがに気になったのかアンガスが、ミウラを最近見ないがどうしたのか、と聞いてきた。インドに行った、と言うと、「ワオ！　スゴイ」と、驚いた様子だった。あなたが派遣したのか、と尋ねるので、自費で行った、と答えると、妙に感心したようだった。どうやら彼は、博士を目指す大学院生は、欧米の多くがそうであるように、日本でも教員や大学に雇用され、給与や生活費の支援を受けている、と思っていたらしい。大きな勘違いである。だがそこで、私は重大な誤りを自分が犯していたことに気づいたのだった。

欧米の有力研究室のように、教員が研究費で雇用するのであれば、大学院生はプロだ。だからプロサッカーチームのように、教員が与えたミッションを果たし、教員が立てたチームの目標を目指さねばならぬ。だが日本は違う。彼らは——ミウラ君たちは、全て自費で生活費と授業料を賄う。それはプロのチームではなく、高額な授業料を払って通うスクールなのだ。この研究に成功すれば君は夢に近づける——この教員の言葉は、実は学生の喉元に突き付けられた刃《やいば》なのである。恐らく彼は気づいたのだ。彼の研究は、実は彼のためではなく、教員のために——私のために役立つものであることを。野心に目が眩んだ悪魔が、心と身体を乗っ取り、意のままに操ろうとしている——そう思ったに違いない。

すっかり消えていた遠い昔の記憶が蘇った。大学院で恩師に出逢い、新しい環境とチャンスを与えられる前。大学生の私は、どうしても興味を見出せぬテーマの卒業研究を、うまく進められずに悩んでいた。ある教員がそんな私をこう表現した——使い物にならない奴。そこをあえて他の見知らぬ学科の大学院への進学を試みる、などという逆説的な生き方をしていなかったら、今でも私は研究者や大学教員という存在を憎んでいたはずなのだ。

歴史を繰り返す訳にはいかないと思った。

善悪は背中合わせ、成功と失敗は隣り合わせ

ミウラ君がインドから帰ってきた。吹き寄せる冷ややかな風が、本格的な冬の到来を告げていた。私は決めていた。彼に謝り、こう伝えるのだ。私がやりたい研究ではなく、君が本当にやりたかった研究をやろう、私にとっての海の生き物ではなく、君にとっての海の生き物を見よう。研究テーマを変えよう。残された時間は短いが、まだ間に合う。

ところが、私がそれを実行に移す前に、彼は、迷いは消えた、と謎の言葉を残して、小雪がちらつく中を干潟に出かけた。そして詳細な地点を記録した数百個のホソウミニナを採取してくると、その計測を始めた。実は海から相当離れたところに棲む個体を、偶然見つけていたのだと言う。上陸しつつある集団の最前線かもしれない、そう気づいて、調査を進めている、研究がとても面白い、と耳を疑うようなことを言う。

変化がもう一つ。ミウラ君が帰国して数日後のこと。私は実験室でミウラ君とアンガスが親しげに談笑しているのを目撃した。次の週末、彼らは蔵王にスキーに出かけた。やがて彼らは週末ごとに二人でハードな山スキーに勤しむようになった。月日が移り、夏山の季節を迎えると、二

人は東北の脊梁山地を巡る登山に出かけた。自分の好きなように生きればいい、研究者って最高だ、とミウラ君が言うようになったのは、この頃からである。

ミウラ君の研究は目覚ましい勢いで進み、次々と成果を積み上げた。彼は形態解析の結果、ホソウミニナに形と棲み場所の違う二つのタイプがあることを見つけた。一方は小型で殻の表面に彫刻が発達し、もう一方は大型で滑らかな殻をもつ。前者は干潟の陸に近い側、後者は海に近い側に棲む。期待していた通りの結果だった。

次に彼は室内の水槽実験と、野外での行動観察から、小型のタイプは干出《かんしゅつ》した場所を好み、大型のタイプは水中を好むことを確認した。さらにホソウミニナの体を構成する炭素と窒素の安定同位体比の分析から、これら二つのタイプは、食べる餌にも違いがあることを示した。また海側に棲む大型のタイプの交尾は観察できなかったものの、少なくとも陸側に棲む小型タイプは小型タイプ同士で交尾をし、大型タイプとは交尾をしていないことも確かめられた。

彼はホソウミニナのmtＤＮＡの分析にも成功、その地理的変異を見出した。だが二つのタイプ間には、差は検出されなかった。もし二つのタイプが別の種だとすると、その種分化はmtＤＮＡの進化速度では検出できないほど、ごく最近起きたのだと推測できる。生殖的隔離や形態に関わる遺伝子は、新しい環境への適応とともに急速に変化するのだろう。彼はこれらの成果を修士論文として纏めた。

インドから帰国後、ミウラ君はわずか一年で、普通なら複数の学生が分担して進める多彩な研究を、たった一人で成し遂げてしまった。サッカーで言えば、自陣ゴール前からドリブルで持ち上がり、たった一人で敵全員を抜き去って、敵陣ゴール前までボールを運んでしまったようなものである。

私は大学院博士課程に進学したミウラ君に、このプロジェクトは君自身のプロジェクトだと告げた。君は今やこのチームの選手であると共に監督でありオーナーなのだ。

私は、ミウラ君とインドの深い河に救われたのである。

＊　　＊　　＊

これはそれから、もう随分と年月が経ってからの話。その頃には、すでにミウラ君は博士の学位を得て、私の研究室を去り、アンガスは英国に戻っていた。もっともアンガスは時々日本にやってきて私の元を訪れた。そんなある日、私は何気なくアンガスに、ミウラ君が結婚したという噂を聞いたけれど、知っているか、と尋ねてみた。すると彼は、「もちろん知っている」と胸を張った。その説明によれば、どうやらアンガスは、ミウラ君たちのハッピーエンドのラブストーリーに何か重要な役割を演じたらしい。

「私が恋の弓矢をショットしたのだ」

アンガスは少し得意げにそんな話をして、最後にこう付け加えた。

「彼は私に感謝しなければならない。私のおかげで彼は幸せになったんだ」

第11章 エンドレスサマー

かつてこの浜は、打ち寄せる波を求めてやって来る、大勢のサーファー達で賑わっていた。だがある日、突如として降りかかった厄災――熾烈《しれつ》な自然の力が生み出した巨大な奔流は、その景色ごと多くのものを破壊し、消し去ってしまった。今、ここに立って海の方角を眺めると、視界に映るのは変わり果てた砂丘と巨大な消波ブロックである。だが、その向こう側には、あの頃と同じく、逆巻く波に果敢に挑んでいる人の姿があった。海も人の暮らしも、時を経て少しずつ、着実に再生しつつあるようだ。

私の視界に、あの浜の景色と、夏空の下、波に挑むサーファー達の姿が、幻のように浮かびあがった。私は二人の姿を求めて海岸に向かった。砂丘を越えると、白く泡立つ渚が弓のように緩やかな弧を描き、その向こうに水平線の彼方まで、碧色の海が見える。次々と立ち上がる波の上や狭間に、人の姿が映る。私は大きく手を振り、彼らを呼んでみる。間もなくサーフボードを抱えて、二人が海から上がってきた。私は彼らに声をかける——そろそろ仕事の時間だ。

選択と集中

二〇〇三年春、ミウラ君は博士課程に進んだ。彼の研究への情熱は衰えることはなかった。変化と言えば、彼の相棒が日本での任期を終えて英国に帰国したために、休日にサーフィンに出かける頻度が増えたことぐらいだろう。

彼はホソウミニナに形と大きさ、棲み場所、餌、好みの環境が異なる二つのタイプがあることを発見した（図11‐1）。小型で表面に凹凸のある殻をもつタイプは、乾燥を好んで干潟の陸側に棲み、大型で表面が多少滑らかな殻をもつタイプは、水中を好んで海側に棲む。さらに異なるタイプの間で交尾が見られないこともわかった。あとは進化速度の大きいマイクロサテライト遺

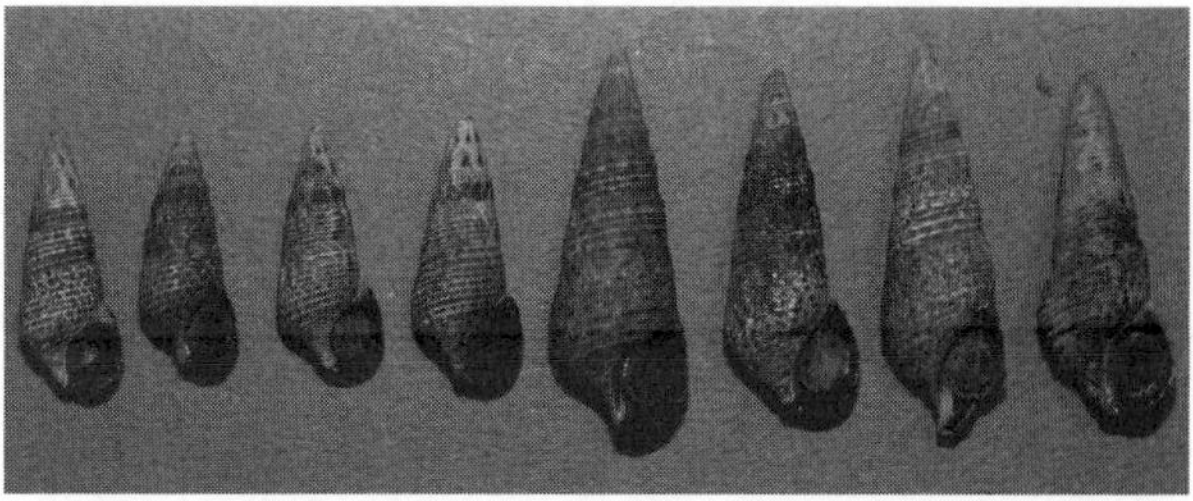

図11-1 ホソウミニナの小型タイプ（左4個体）と大型タイプ（右4個体）

伝子を指標にして、二つのタイプ間で、実際に遺伝的な分化が起こりつつあることを確認できれば論文にできる。海から陸への進出を伴う種分化を実証した、という論文になるはずだ。

だが、ミウラ君はなぜかこの期に及んで、マイクロサテライト遺伝子の解析を躊躇《ちゅうちょ》した。まだ他に調べることが沢山あると言い、干潟に出かけて行った。私はこの状況で——サッカーならキーパーと一対一の状況で、なぜゴールを狙うことを躊躇《ため》らうのか理解できなかった。そんな我が日本代表のお家芸、〝守備的フォワード〟のマネをしていてはダメだ。ここは実験室で遺伝子解析の作業に集中すべき、と主張した。

私は研究プロジェクトの監督とオーナーの地位はミウラ君に譲ったが、スポンサーの立場は捨てていなかった。つまり研究費を負担していたので、彼の研究の進め方に介入した。スポンサーは絶対権力である。経団連の意向には、あの文科省だって従うではないか。すぐに成果に結びつき、論文になる所に資金を集中的に投入せねばならぬ。限られたリソースの下では、それが最も効率的で生産性が高いやり方なのだ。選択と集中である。私は遺伝子解析以外の無駄な作業への支出は認めない方針だった。

一方、彼の言い分はこうだった——生存率や自然選択の強さが測れていないので、本当に二つのタイプがそれぞれの生息環境に適応したものかどうかは、まだ確認できていない。マイクロサテライトという新しい遺伝子解析を始めるには、準備だけでもかなりの時間と労力がかかる。今の段階で種分化を前提としてその作業に集中するのは、時間的にもコスト的にもリスクが大きいと感じるようになった。先にもっと様々な視点から研究する必要がある――。

特に彼が、謎だ、と気にしていたのは、海側に棲む大型のタイプでは、そもそも交尾が全く観察されず、幼貝も見つからないことであった。しかし私に言わせれば、それは単に大型タイプが干潮時も水中に棲むため観察しにくく、幼貝の発見も難しいからにすぎない。少なくとも観察の容易な陸側では、交尾は小型タイプ同士で行われ、大型タイプとは行われていないのだから問題ない。論文に纏めるにはそれで十分だ。

さらに彼は、現場を知らずに机上の論だけで決めると失敗する、という意味のことを言った。いや、それは逆だから。現場にこだわって大局を見ないと失敗するから。

オフショアの波

ちょうどその頃――二〇〇三年七月――カリフォルニア大学サンタバーバラ校の研究チームが、海洋生物調査のため暫く東北地方を訪れた。彼らに調査の支援を依頼された私は、ミウラ君を彼らのアシスタントに起用した。彼はアンガスと週末の度に遊びに出かけていたおかげで、英語による研究者とのコミュニケーションが巧みになっていたからだ。

この研究チームにマークというポスドクがいた。彼はサーフィンをこよなく愛し、自分のサーフボードを調査機材と一緒に日本まで持ち込んでいた。そのため同じくサーフィンを愛するミウラ君とすっかり意気投合。二人はほぼ毎日、その日の仕事と調査が始まる前の時間を利用して、仙台近郊の七ヶ浜に出かけ、サーフィンに興じた。

マークは、かつてロックバンドのリードボーカルを務め、プロミュージシャンを目指していたという。だが夢は果たせず、次にプロサーファーを目指した。結局それも実現しなかったが、サーフィンをしているうちに、綺麗で多彩な海の生物に目が留まり、その生き方の不思議さに魅かれて、海洋生物学の研究者を志し、大学に行くことにしたという。大学院に進学して学位を取得後、現在はポスドクとして精力的に研究を進めているところだった。

そんなある日、ミウラ君が、謎が解けた、とひどく興奮して私のところにやってきた。

その数日前のこと、いつものようにマークとサーフィンを楽しんだ後、ビーチで互いの研究の話をしたらしい。ミウラ君の話を聞いたマークは、ホソウミニナが外来種としてアジアからアメリカに侵入し、増殖してカリフォルニアで干潟を占拠して、大きな問題になっている、と話したという。だがその時もうひとつ、マークは面白い情報をミウラ君に伝えたという。それは、アメリカの巻貝のなかには、寄生虫に感染すると、成長の仕方が変わり、大きさが変化するものがあるという話だった。

もしや、と閃いたミウラ君は、新たに採集したホソウミニナから軟体部を取り出すと、それを解剖し改めて詳細に調べてみた。すると、大型で殻の表面が滑らかなタイプ、すなわち干潟の海側に棲むタイプは、驚くべきことにすべて寄生虫の仲間——二生吸虫の一種に感染していたというのだ。「二生吸虫はホソウミニナの生殖腺に感染し、その繁殖機能を破壊していました。だから海側に棲むタイプには、交尾個体と幼貝が見つからなかったんです」——彼は自らの発見を熱く語った。そして呆然とする私を尻目に、夏の日差しが降り注ぐ干潟に勢いよく出かけて行った。

ミウラ君はこれを機に、ホソウミニナに感染する二生吸虫の研究を始めた。彼はまだ二生吸虫に感染していない数千匹のホソウミニナの殻に印をつけ、干潟に放した。その後一年間に亘り、毎月それを回収して、二生吸虫に感染しているかどうか、またその棲み場所と形はどうなっているかを調べた。その結果、二生吸虫に感染していないホソウミニナは、放した場所にかかわらず全て干潟の陸側に集まったのに対し、二生吸虫に感染したホソウミニナは、全て海側に移動した

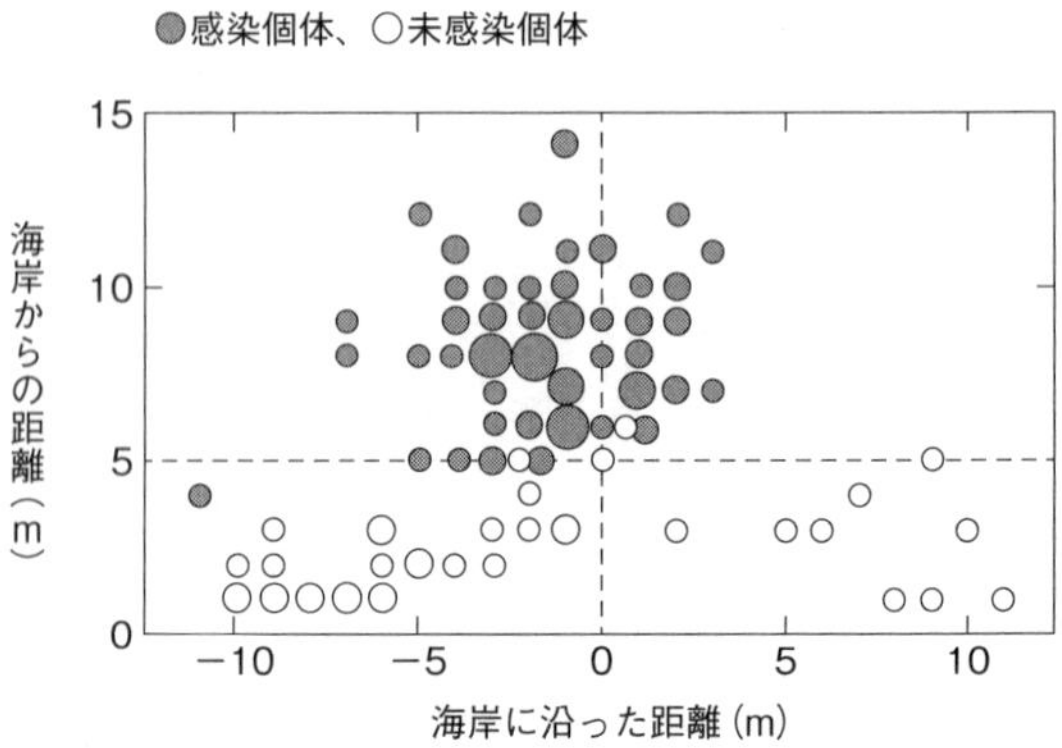

図11-2 二生吸虫に感染した個体と、未感染の個体をともに含む200個体のホソウミニナを、干潟で点線の交点の位置に放してから、2週間後にそれらの個体が見つかった位置

二生吸虫に感染していない個体は、干潟の陸側に集まり、感染している個体は海側に集まる。円の面積は個体数を表す（最も小さな円が1個体を表す）

（Miura et al. 2006 Proc. R. Soc. B 273を改変）

(図11-2)。また二生吸虫に感染していないホソウミニナは、成熟して一定の大きさになったところで成長が止まるのに対し、感染したホソウミニナは、いつになっても成長が止まらず、表面がのっぺりした殻を伸長させ、巨大化することがわかった(図11-3)。

ホソウミニナの二つのタイプは、種分化しつつある集団でも、遺伝的に異なる集団でもなかった。それらは、寄生虫の感染の有無を示すものだったのである。

操りの術、乗っ取りの術

二生吸虫には非常に多くの種類がある。日本には、古くから水田や湖沼などの水辺で作業する人々を悩ませてきた地方病があるが、これを引き起こす日本住血吸虫も、二生吸虫の仲間である。

二生吸虫はその多くがとても変わった生活史をもつ。卵から孵化《ふか》して成長し、成熟して交尾・産卵に至るまでに、感染する宿主の生物を乗り換えるのである。

卵から孵化した幼生(ミラシジウム幼生)が、最初に感染する宿主(第一中間宿主)が、貝類である。この幼生は無性生殖をする。自身のクローンを大量に作るのである。その結果、貝類の体内

図11-3 左は殻にペイントして個体識別をした後、干潟に放した未感染個体

左は成熟して殻の成長が止まっている。右は放してから4ヵ月後に回収した個体。二生吸虫に感染したため、殻の成長が再び始まり、大型化している。矢印はいったん止まった成長が再び始まった位置を示す。

(Miura et al. 2006 Proc. R. Soc. B 273を改変)

で数千・数万匹の幼生（スポロシスト幼生またはレジア幼生）ができる。そして次にこれらの幼生が、セルカリアと呼ばれる幼生をつくる。

セルカリアは貝類の体外に出て、次の宿主――第二中間宿主を探し出す。第二中間宿主は魚類、カニ、エビや別の貝類などである。セルカリアはたどり着いた新たな宿主の体内で、メタセルカリアと呼ばれる嚢胞《のうほう》をつくる。魚類など第二中間宿主が、鳥類、哺乳類などの終宿主に嚢胞ごと捕食されると、その体内で嚢胞から二生吸虫の成体が出てきて、終宿主に感染する。成体は終宿主の体内で他の成体と交尾して卵を生み、卵は終宿主から体外に排泄される（図11－4）。

二生吸虫にとって、子孫を残す上で一番の山場は、宿主を移動する局面だ。ホソウミニナに感染する二生吸虫の場合、多くは貝から魚、魚から鳥に乗り移るという、非常に難易度の高いミッションを果たさねばならない。そのために二生吸虫は、感染している中間宿主の行動を操作して、少しでも次の宿主に乗り移りやすい状況を作り出す。これが、なぜ二生吸虫に感染したホソウミニナは水中を好み、干潟の海側に移動するのか、という疑問への答えだ。二生吸虫は感染した宿主のホソウミニナの行動を操り、水中に連れて行くことによって、ホソウミニナから放出されたセルカリアが、次の宿主である魚に到達しやすくしているのである。

ちなみに魚に感染した二生吸虫は、魚の脳に嚢胞をつくる。このため魚は二生吸虫に操られ、

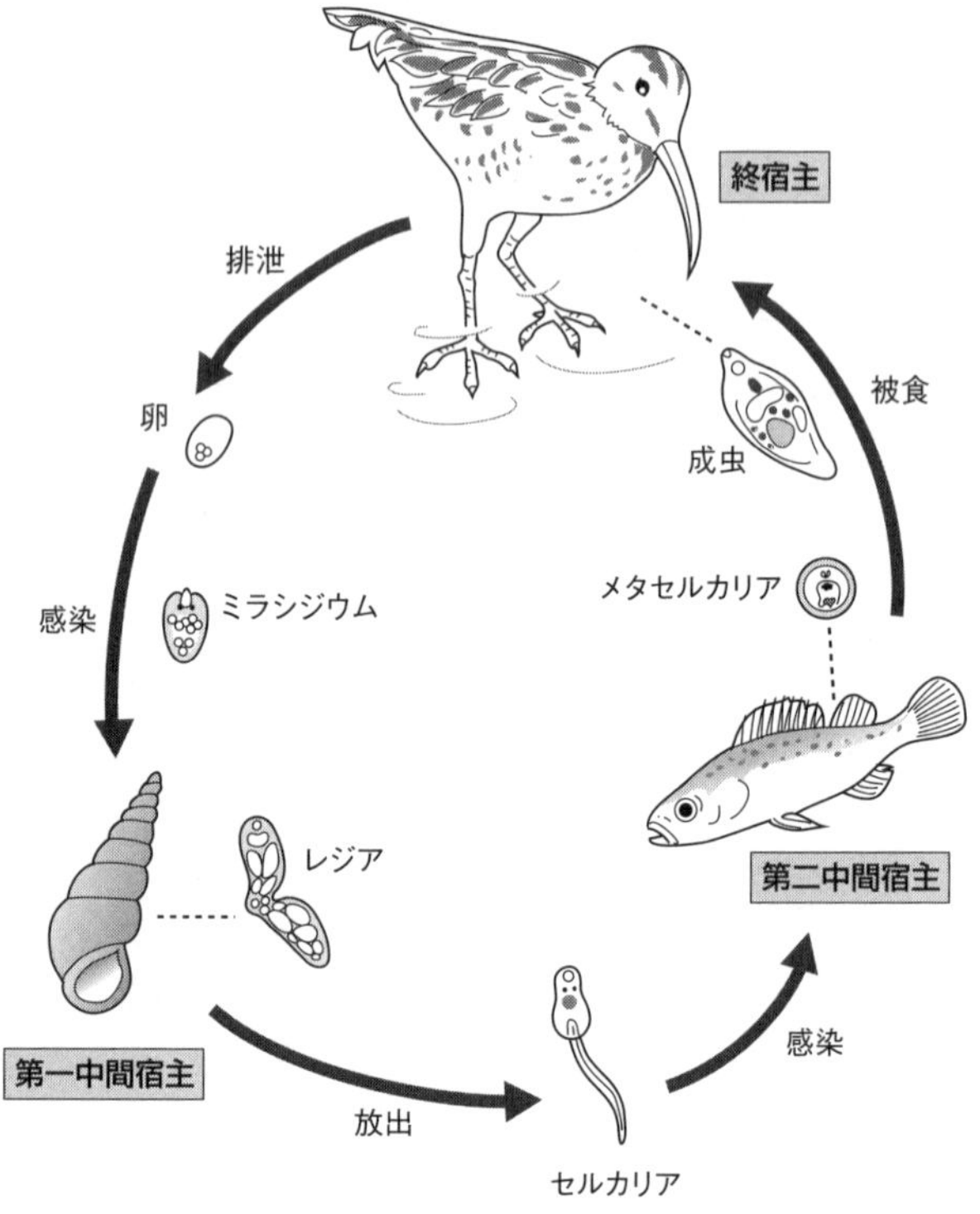

図11-4 二生吸虫の生活環

終宿主である鳥に食べられやすい行動をとるようになる。例えば普通、魚は水面上に鳥の姿を見つけると急いで潜水するが、二生吸虫に感染した魚は、鳥の姿を見ると水面近くを蛇行し、鳥に見つかりやすい振る舞いをするようになる。

ではなぜ二生吸虫に感染したホソウミニナは巨大化するのだろうか。普通、二生吸虫に感染した貝類は、栄養を吸虫に搾取されるため、成長が遅くなり小型化する。だがホソウミニナの場合は逆だ。その理由は、二生吸虫がホソウミニナの生殖機能を破壊してしまうからだと考えられる。ホソウミニナは性的に成熟すると成長が止まり、それまで成長のために消費していたエネルギーを生殖のために消費するようになる。だから生殖機能を壊され、繁殖の必要がなくなると、エネルギーが余るのである。この余剰のエネルギーが成長に回され、殻の成長が止まらなくなり巨大化すると考えられる。

カースト制の進化

ホソウミニナに感染する寄生虫については、それまでほとんど研究が無く、わからないことだらけだった。そこでミウラ君は、どんな二生吸虫がどの程度ホソウミニナに感染しているのかを調べてみた。するとその感染率は驚くほど高く、ひとつの干潟で見つかるホソウミニナの七割が、二生吸虫に感染しているケースもあった。正常な個体より、寄生されて生殖能力を奪われ、操られ、本来の棲み場所から動かされてしまった個体の方が、はるかに多い場合さえあるのだ。

ホソウミニナに感染する二生吸虫は、それ以外の巻貝にはほとんど感染しない。一方、ホソウミニナに感染する二生吸虫は一種類ではなく、実は形などでは区別できない多くの種が存在することがミウラ君の研究で明らかになった。

だがホソウミニナ一個体に感染している二生吸虫は一般に一種だけで、異なる種が同一個体に感染していることは稀だった。これは異なる種の二生吸虫が、一匹の宿主、つまり一台の乗り物を巡って奪い合いをしていることを意味している。後のミウラ君の研究によって、他の競争相手からホソウミニナを奪うために、二生吸虫が驚くべき戦略を進化させていることが明らかにされた。

二生吸虫はホソウミニナの体内で、クローンであるレジア幼生を大量に生み出すが、このレジア幼生には二タイプある。大型で動きの鈍いレジア幼生は、その後セルカリア幼生へと変わり、次の感染ステージに移行して繁殖に携わる。一方、小型で活動的なレジア幼生は、セルカリアにはならず、ホソウミニナのステージで消滅する。その代わり、この小型のレジア幼生は、ホソウミニナの体内に他種の二生吸虫を見つけると、それを攻撃し殺してしまうのである。自分では子孫を残さない代わりに、仲間を守るのである。この兵隊レジアも他のレジア幼生も、遺伝的には同一のクローンなので、戦闘に特化した兵隊レジアの働きによって、繁殖に携わるレジア幼生の生存率が上がれば、この二生吸虫が子孫をより多く残す上で有利になるのである。

リレーで例えるなら、情報のバトンを直接受け渡すランナーになる者と、それを補助する触媒、つまり伴走者になる者との役割分化が幼生の中で起きた、ということになるだろう。そのバトンは、ランナーと伴走者を含め彼らの全てを再現可能な設計図だ。つまり兵隊レジアは伴走者に徹することによって、自分が受け継ぐ生き方が次世代に届くことを、ランナーであるレジア幼生に託しているわけである。

このように繁殖に専念する個体と、それを補助する役目に専念する個体との分業はカースト制と呼ばれ、ハチ、アリ、シロアリ等のコロニーに典型的に見られる。女王、ワーカー、ソルジャーの分化がそれである。こうした生物と類似したカースト制が、寄生生活を送る二生吸虫でも進化しているのである。

太平洋を越えて

翌年の夏、ミウラ君は一ヵ月ほどアメリカを訪れ、マークの協力のもと、カリフォルニアのホソウミニナとその寄生虫の調査を行った。この調査に、ミウラ君は愛用のサーフボードを持参した。調査の合間に、ミウラ君はマークとともに、本場カリフォルニアでサーフィンに興じた。

この調査でミウラ君は、アメリカでホソウミニナが大量発生した理由を突き止めた。日本のホソウミニナは多種の二生吸虫の感染によって、繁殖が強く抑制されている。一方アメリカでは、これらの二生吸虫の種にとって第二中間宿主となる魚種が限られ、大半がその生活環を全うできない。そのためアメリカに渡ったホソウミニナは、二生吸虫の強い感染から免れ、爆発的に増加したのである。

さらにミウラ君は、遺伝子解析により、アメリカのホソウミニナの由来を解明することに成功した。驚くべきことに、それは宮城県から持ち込まれたものだったのである。アメリカのホソウミニナは、宮城県のホソウミニナに特異的な遺伝子型を持っていたのだ。文献調査の結果、およそ百年前に宮城県からアメリカにカキが輸出されていたことがわかった。恐らくそのカキにホソウミニナの幼貝が付着し、太平洋を渡ったのであろう。カキが輸出された年代は、アメリカでホソウミニナが初めて記録された年代とほぼ一致していた。

ミウラ君はその後、二生吸虫とホソウミニナに関する一連の研究成果を、米国科学アカデミー紀要など一流国際誌に五編の論文として発表し、二〇〇六年三月、博士の学位を取得した。

ちょうどその前年、マークがスミソニアン熱帯研究所に職を得て、自らの研究室を立ち上げた。マークに誘われたミウラ君は、マークの研究室でポスドクとして研究に携わることになった。そしてこの年、ミウラ君は日本を去り太平洋を渡った。もちろん愛用のサーフボードも一緒に、である。

＊　＊　＊

「そういえば、あれは夏のことでしたね」

彼のオフィスを訪れるのは久しぶりだ。今はもう彼は日本に戻り、とある大学で教員をしている。卓上に置かれたモニターに映し出されているのは、彼が最近発表した論文である。その横の壁には、サーフボードが立てかけてあった。ひとしきり、彼の論文についての話がすんだところで、ふと十七年前の話になった。彼がその謎を追い求めるのは、インドへの旅のせいかもしれない、と思ったからだ。だが彼は、

「あの時、よくインド行きを許しましたね」

と、あの終わりなき夏のことを、まるで他人事のように言う。

「普通ありえないですよ。もし自分の学生が四ヵ月インドに行きたいと言ったら、自分なら断固却下です」

まあ今は昔とカリキュラムが違うから。「でもね」と私は言った。「インドに行ったからあの研究が好きになり、アンガスと親しくなり、マークとの出会いに繋がった訳だから」

すると彼は、

「えっ？　自分はインド行く前からあの研究好きでしたよ」

「えっ？」

「えっ、じゃないですよ。何勝手に話作ってるんですか。アンガスさんとも、ずっと親しくさせてもらってましたよ」

真実はひとつである。だが人の心に映る真実は、一つとは限らない。だからこそ、何が真実かを追い求める科学は尊く、価値あるものなのだと、私は信じている。

第12章 過去には敬意を、未来には希望を

谷間にて

渓谷には所々霧がかかり、樹木の葉や下草は露に濡れ、七月だというのに肌寒い。雲で覆われたあたりに、東北アルプスの異名を持つ飯豊《いいで》連峰の山々が、わずかに姿を覗かせていた。二〇一六年の夏。私は一人の大学院生――いつも彼をヒラノ君と呼んでいる――と共に、谷沿いに繁茂

する羊歯《しだ》や笹藪の中で陸貝を探していた。相変わらず見つからない、見つかる気配もない、やはり駄目かと、早々に諦めて私が道端に座り込んでいると、ヒラノ君が愛用の特製手袋を手に、茂みからフラリと姿を現した。「いましたよ」彼が差し出した袋の中には、数匹の茶色の大きなカタツムリ。右巻きと左巻き、両方の殻が見える。私の方は何も見つけていないのに、これまで何度ここに来てトライしても駄目だったのに、初登板のヒラノ君一人でミッション達成である。驚くべきスキルだ。

どんなにアイデアが素晴らしくても、それを支えるスキルが無ければ研究は成功しないものだ。だがスキルを得るには年月がかかる。だから、役に立つかどうかに関わりなく、何かのスキルを持つ多彩なテクニシャンや専門家を養う多様性の高い社会は、その何かを必要とする時代が思いがけず到来した時に、大きな恩恵を得る。

上空を覆っていた雲が少し切れ、その隙間から薄日が差した。私はヒラノ君に、私たちはなぜここに来て、なぜこれを手に入れなければならなかったのか、そして彼が持つスキルの意義を、改めて話すことにした。それは遠い昔に始まる、十数年に及ぶ長いストーリーだ。

物語の始まり

二〇〇二年の夏、英国人と日本人の二人組が、この地を訪れた。飯豊連峰の縦走を終え、下山後に通りかかったのだ。そこで日本人が、偶然大きな右巻きのカタツムリを見つけた。それを英国人に見せると彼はひどく驚き、それから二人は時間の許す限り周辺を探した。彼らは右巻きと左巻きのカタツムリをそれぞれ一匹ずつ、その場所で見つけ持ち帰った。この二匹のカタツムリは、巻き方向の違いを除けば、色も大きさも形もそっくりで、まるで鏡に映したかのようだった。

この英国人が、当時東北大学の私の研究室のポスドクだったアンガス・デビソン、そして日本人が同じ研究室の大学院生、ミウラ君だった。

最初のきっかけは、アンガスが体力トレーニングのため、毎日取り組んでいたランニングである。東北大学に隣接する伊達政宗築城の青葉城を経て、青葉山キャンパスをぐるりと一周するのが、彼のお気に入りのコースだった。とある雨上がり時、ランニング中の彼は、「青葉城恋唄」の流れる本丸に接した石垣上に、ヒダリマキマイマイが何匹も這い出しているのを見つけた。ヨーロッパでは見慣れない左巻きの種を見て強い関心を抱く。ミウラ君が飯豊山で、巻き方向以外ヒダリマキマイマイと瓜二つの個体を見つけたのは、ちょうどそんな折だった。

アンガスは早速mtDNAを調べた。すると飯豊山で採集した右巻きは、それと同じ地点――飯豊山で得たヒダリマキマイマイと、全く同じ遺伝子型を持っていた。

ヒダリマキマイマイが属するユーハドラ属は、日本全国にあわせて約二十五種。この中には左巻きの種類が五種含まれ、それらは東北から中部地方にかけて分布する。このうちヒダリマキマイマイは、東北と関東、北陸に棲息する。関東で最もよく目にする右巻きの種はミスジマイマイとヒタチマイマイが分布する。残りの右巻きの種類のうち、東北にはアオモリマイマイ、近畿ならクチベニマイマイ、九州ではツクシマイマイというように、地域ごとに特有の種類が棲んでいる。当時私は、これらユーハドラ属のカタツムリ試料を約二十種、日本各地から採集し保管していた。

アンガスがそのmtDNAを分析したところ、ヒダリマキマイマイは、地域ごとに遺伝的な分化を遂げていた。ところが、各地域のヒダリマキマイマイは、他地域のヒダリマキマイマイよりも、同じ地域に棲む右巻きの種類――アオモリマイマイに、遺伝的により近かったのだ。アオモリマイマイの多くは巻き方向以外にも、殻の模様や形にヒダリマキマイマイとは少し違いがある。またこれらの棲息域はモザイク状で互いに隣接するものの、両者が同じ場所で共存する例は少なかった。飯豊山の右巻き個体——ヒダリマキマイマイのほぼ完全な鏡像体——もアオモリマイマイに含めるなら、そこは数少ない共存地点の一つだった（図12-1）。

ユーハドラ属の中で、ヒダリマキマイマイとアオモリマイマイの系統に最も近いのは、左巻きのムツヒダリマキマイマイの系統だった。ということは、ヒダリマキマイマイから右巻きの突然変異が生じ、それがすぐに集団を作って、異なる地域で繰り返し独立にアオモリマイマイ——右巻きのヒダリマキマイマイ集団になったのだろうか。

一遺伝子種分化と交雑

新しい種は祖先種から徐々に、連続的な変化によって生じるのか、それとも、中間的な段階を経ず、飛躍的に現れるのか。ダーウィンが前者を主張して以来、この論争は百五十年以上に亘り続けられてきた。二十世紀初頭に遺伝学者、植物学者ユーゴー・ド・フリース（Hugo De Vries）がオオマツヨイグサの栽培実験から、突然変異によって新しい種が生まれる、と主張して以降、一つの遺伝子に生じた一回の突然変異によって飛躍的に種分化が起きる、という考えが支持を集

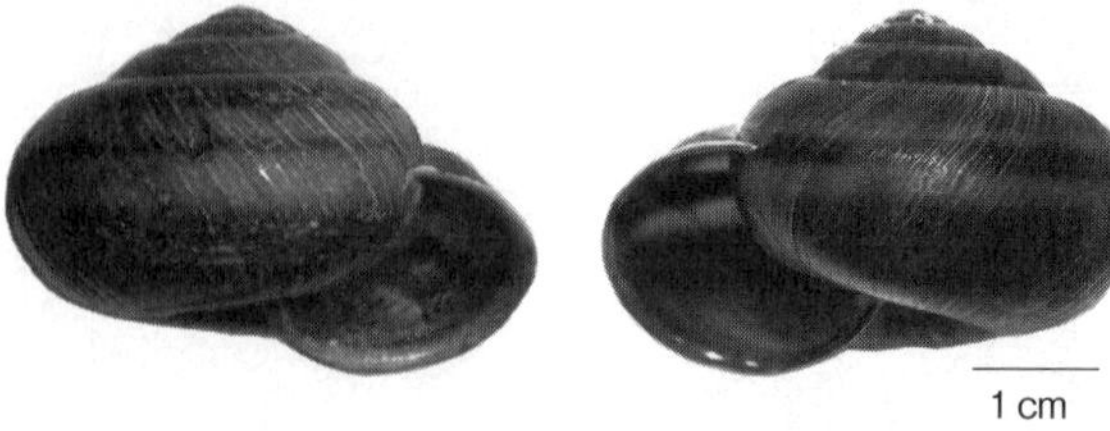

図12-1 アオモリマイマイ（左）とヒダリマキマイマイ（右）。飯豊山産

めた。だが二十世紀半ば以降、こうした飛躍的な種分化は、倍数化や雑種化が引き起こす染色体の構造上の変化によるものを除けば起こらない、という考えが主流となる。遺伝学者セオドシウス・ドブジャンスキーが、種分化が完成するには、生殖に関係し、相互作用のある二つ以上の遺伝子で独立に突然変異が起き、段階的にプロセスが進む必要があることを示したからである。

ところが一九八〇年代以降、これに異を唱える研究者が現れた。彼らが一遺伝子の突然変異で種分化が完成する可能性を示す例、として持ち出したのがカタツムリだった（第3章参照）。カタツムリの生殖口は、右巻きなら首の右側、左巻きなら首の左側にある。第3章で紹介したジェレミー――ヒメリンゴマイマイなどは、交尾の時、向かい合って互いの生殖口を近づけ、双方の交尾器を互いの生殖口に挿入する（対面交尾）。だから一つの遺伝子の変化で殻の巻き方向が反対になった個体は、生殖口の位置も反対側になるので、他の個体とは交尾が不可能になるのである。

一九九〇年代後半、平たい殻を持つカタツムリの場合、どれも対面交尾を行い、左巻き個体は右巻き個体との交尾に必ず失敗する、と結論した論文が発表された。論文にその典型として示されていたのが、ユーハドラ属であった。

アンガスはこの論文を私に見せ、我々が得たヒダリマキマイマイとアオモリマイマイのmtDN

Aが示す関係は、巻き方向の変化——一遺伝子の突然変異による種分化を示しているのではないか、と言った。もし本当なら衝撃的だ。進化学上の大発見になるだろう。

この仕組みによる種分化は容易ではない。例えば同一の巻き方向の突然変異体が複数同時に現れない限り、それらは交尾できず子孫を残せない。ただしカタツムリの中には、交尾相手がいない場合、自殖といって自分の精子と卵子を受精させることによって繁殖できる種類がある。ヒメリンゴマイマイでは見られない行動だが、ユーハドラ属では稀に起きる。だから可能性は高いかもしれない。

だが私はこのアンガスの意見に同意しなかった。ユーハドラ属の右巻きと左巻きは、交尾可能だと考えていたからである。実は私はまだ大学院生だった頃、ユーハドラ属の左巻きが右巻きと交尾しているのを、目撃した記憶があるのだ。ユーハドラ属の交尾行動は、ヒメリンゴマイマイなどとは異なり柔軟で、必ずしも明確な対面交尾をするとは限らなかった。またヒメリンゴマイマイのように明確な求愛ディスプレイを示さなかった。しかも交尾器が著しく長いので、位置がずれても修正できるのではと考えた（図12-2）。だが残念ながら証拠になる写真がない。右巻きと左巻きで交尾がうまく行っている写真さえあれば……。

ところがいつもなら自分の目で確認しない話は信じないアンガスが、私の目撃談を信じた。彼

(図12-2) *Euhadra*属（ナミマイマイ）の交尾
白っぽい剣状のものが恋矢。ペニスが長い

はヒダリマキマイマイとアオモリマイマイの種分化は完成しておらず、両者が出会うと交雑し遺伝子が混じり合う、だから両者のmtDNAは地域ごとに同じ、あるいは似ているのだ、と結論したのである。ただし彼は、アオモリマイマイ集団に左巻き遺伝子が低頻度で存在し、時に左巻きの〝アオモリマイマイ〟（つまり〝ヒダリマキマイマイ〟）が現れ、それと他のヒダリマキマイマイが交雑して、両者の間で遺伝子の交流が起きる可能性も考えていた。いずれにせよ交雑を確かめるため、他の遺伝子も調べることにした。だが十分な変異の情報が得られず、研究は難航した。翌年、日本での任期を終え、アンガスが英国に戻ったのちも、私たちはその研究を続けた。

ところでアンガスは帰国後すぐ、ノッティンガム大学の教員採用の公募に応募した。彼は書類選考を通過し、面接の直前、なぜか日本を訪れ、ミウラ君を誘い登山に出かけた。またアンガスは、面接で使う予定だというパワーポイントのスライドを私に見せ、意見を求めた。その最後には、私達の研究室で撮った記念写真や、小笠原の船長の写真、スキー場でミウラ君と肩を組む写真、山の写真、青葉城、伊達政宗像、どこかの神社の鳥居に温泉などの写真などが一枚にぎっしり詰めこまれていた。

アンガスは、数多の応募者との厳しい競争を勝ち抜き、ポストを獲得した。日本との緊密な研究協力関係を築いていることが、その選考で大きなアドバンテージになった——彼は勝因をそう説明した。日本の科学が自由で、豊かで、誠実で、活力に満ち、世界に対して存在感を発揮していた最後の時代のことである。

未来に希望を

アオモリマイマイとヒダリマキマイマイ等、ユーハドラ属のmtＤＮＡの解析により、左巻き・右巻きを決める一遺伝子の突然変異による種分化を実証した、とするその論文を見たときは驚いた。他の研究者グループの研究成果だった。一遺伝子の変化では種分化は完了しないとするドブジャンスキーの主張は否定された——その結論は美しく、進化学全体に影響を与える論文だった。私達と同じ試料と方法を使い、しかも私達が、それは違う、と思ったはずの結論を、発表されてしまったのである。

だがアンガスは動じなかった。シンプルで美しく、センセーショナルな結論が正しいとは限らない、真実は期待に反して意外に地味で複雑なものだ——そう言って彼は研究を続けた。間もなくアンガスと私は、他の研究者の協力も得て、それまでに得られたmtＤＮＡのデータに、交雑の可能性を示唆する理論的な解析結果を追加し、それを論文として纏め、発表した。ユーハドラ属では種分化が不完全で交雑が起きている可能性は無視できず、一遺伝子種分化の結論は早計だ、とする論文だった。

だが人々は往々にしてシンプルで美しく、センセーショナルな主張の方を、正しいと信じ支持してしまう。ユーハドラ属の一遺伝子種分化の論文は大きな注目を集め、広く受け入れられた。一方、アンガスと私たちの論文は、あまり注目を浴びることはなかった。

結局私たちは雑種の主張を裏付ける十分な証拠を得ることができなかった。私はヒダリマキマイマイとアオモリマイマイの交配実験を続けたが、巻き方向の同じ個体同士でさえ、自在に交尾させることは容易でなく、証拠は得られなかった。だがそれでもアンガスは希望を捨てなかった。真実は論文のインパクトで決まるわけではない、真実はいずれ立証される、将来、それが可能になる時が来る、我々はそれを待つ、と彼は言った。その後彼は、巻き方向を決めている遺伝子そのものの正体を突き止めることが必要だと考えるようになり、ヨーロッパモノアラガイを使った研究に力を注ぐようになった。

レアスキル最強伝説

好きなものは野球と陸貝。どちらか選べと言われたら陸貝——野球部（及び剣道部）出身のヒラノ君はそう断言する。幼少期の一番古い記憶の中でさえ、彼はすでに貝殻を手に握っていたという。出身地大阪の実家近くの博物館や、貝類愛好家の団体から指導を受け、小・中学生の頃にはもう陸貝フリークとして、注目される存在になっていた。そんな陸貝の英才教育を受けたヒラノ君だが、高校生の頃はプロの研究者になる気は毛頭なかった。

進学先に静岡大学の生物学科を選ぶが、理由は静岡が日本一の陸貝生息地で、著名な産地がキャンパス周辺にあるので、金や暇がなくても、日々陸貝を相手に楽しめるからだった。

大学でも相変わらず研究者になる気はなく、卒業後は就職し、生計を立てることによって、陸貝の趣味をさらに充実させていくつもりだった。そこで植物学分野の、学生の意思を尊重してくれそうな（自由に就職活動ができそうな）研究室を選んで所属したという。ところが研究室の指導教員が、ずばり「君は将来貝類学者になる」と予言したのである。そしてヒラノ君に陸貝以外の生物学の基礎を徹底的に仕込んだのであった。これで眠っていた研究者への意欲に火が付いた。

かくしてヒラノ君は大学院から私の研究室に進学し、自由気ままに陸貝の研究を始めたのである。日本の生物相がどのように形成されてきたか、また日本の生物の保全上の価値は何かを知るうえで陸貝はモデルになる、彼はそう持論を述べ、分子系統を始め多彩な手法を駆使して、日本やアジアの陸貝の進化史を推定することに情熱を傾けていた。

高いスキルは豊富な知識に裏付けられているものである。ヒラノ君は、陸貝について並はずれて膨大な知識を持っていた。大学院生になって保全の大切さを意識するようになると、彼はその知識を活かし、環境省や各県の貝類レッドリスト作成に貢献するようになった。彼によると、日本の陸貝はほとんどが固有種で、その多様性の高さから日本は世界有数の陸貝王国なのだという。

＊　＊　＊

さて、ヒラノ君にこれまでのいきさつを説明してから、私は今アンガスの研究室で進められている研究に触れた。

「大学院生が、RAD-seqによるゲノム解析の手法をマスターしたそうだ。この新しい技術を使えば、ヒダリマキマイマイとアオモリマイマイが交雑しているかどうかわかる」

だがそれには新たに試料が必要だ。特に同一のmtＤＮＡを持つ鏡像体の左巻きと右巻き、両方が採れたこの飯豊山の試料はどうしても必要だった。そこで何度も採集を試みてきた訳だ。私はヒラノ君の獲物に満足し、その剛腕を労《ねぎら》った。

「これでやっと右巻きと左巻きの交雑を確かめられる」

だがその時、彼はさらりと凄いことを言った。まさかの初球場外ＨＲ《ホームラン》である。

「右巻きと左巻きのユーハドラが交尾をしている写真なら、昔見たことがありますよ。家に帰れば探し出せると思います」

過去に敬意を

それは、ヒラノ君が小学生の頃からメンバーとして関わっていた愛好家の団体・阪神貝類談話会の機関紙に掲載されたものだった。ヒダリマキマイマイと右巻きのミスジマイマイが、野外で交尾に成功している決定的な瞬間を捉えた写真である（図12-3）。撮影したのは高瀬誠一氏。これに解説を添えた中尾健太郎氏による、一九九九年の報告記事であった。

早速ヒラノ君は、西宮市貝類館など懇意にしている機関や知人の協力を仰ぎ、貝類愛好家の広

図12-3 野外におけるヒダリマキマイマイ（上）とミスジマイマイ（下）の交尾

撮影：高瀬誠一氏、中尾健太郎氏報告、かいなかま（阪神貝類談話会）33号、1999年より。高田良二氏の厚意によるい人脈を駆使してユーハドラ属の左巻きと右巻きの交尾について、過去の目撃情報を集めた。その結果、ユーハドラ属では、実はヒダリマキマイマイのみならず、他の左巻きの種でも、右巻きの種と交尾することがわかった。さらに実験室で撮影された左巻きと右巻きの個体の交尾の写真も寄せられた。

これらの観察から、交尾中の右巻きと左巻きは頭部を同じ方向に向け、双方の長い交尾器（ペニス）で位置のずれを修正しつつ、それらを互いの生殖口に挿入していることがわかった。巻き方向が同じ者同士よりずっと頻度は低いとはいえ、ユーハドラ属の場合、巻き方向が違っても交尾ができるのである。

かつて貝類のプロ研究者集団と愛好家集団の間には、盛んな交流があった。それがいつしか途絶えてコミュニケーションが失われ、情報の隔離が進んでしまった。そのため愛好家による独自の発見を、研究者集団が認識できなくなっていたのだ。ヒラノ君がこの隔離の鎖を解いたことによって、そのローカルな発見と知識が普遍的な価値を得て、私たちを適切な結論に導く新しい力となったのである。

一方、アンガスの研究室では、新たに得られた試料を使い、RAD-seq解析が行われた。その結果、ヒダリマキマイマイとアオモリマイマイの間には、実際に交雑による遺伝的な交流が頻繁にあることが示された。やはりそれらの種分化はまだ完了していなかったのである。私たちは、これらの観察事例と遺伝子解析の結果をまとめ、論文として発表した。

私たちの論文の内容を最初に報道したのは、英国最大級の大衆紙デイリーメールだった。その紙面には、およそ二十年前、貝類愛好家のためのローカルな機関紙にひっそりと掲載されたあの左巻きと右巻きの交尾の写真が、大きく掲載された。その後この写真はオンラインのニュースメディアに乗って、世界を駆け巡った。

かくしてユーハドラ属の左巻き・右巻きに関する一遺伝子種分化の問題は、十数年の歳月をかけて振り出しに戻ったのである。

＊　＊　＊

陸貝と野球の伝道師――大阪的なマシンガントークに冷静なツッコミを交えつつ、ヒラノ君はその二つが如何に楽しく面白いかを力説する。研究室の仲間達が彼に厚い信頼を寄せるのは、その常人離れした知識とスキルと、一ミリのブレも無い生き方ゆえだろう。彼の布教活動は着実に実を結び、研究室に信者を増やしている。

さて、その時はタイガースの話からサウスポーの話になり、左巻きの話になり、淡水巻貝ヨーロッパモノアラガイで左巻きの遺伝子を特定した論文の話になった。巻き方向を決めるのが、フ

図12-4　フォルミン遺伝子を発見したデビソン博士らの論文（Formin Is Associated with Left-Right Asymmetry in the Pond Snail and the Frog）が掲載された科学誌の表紙。ヒダリマキマイマイとアオモリマイマイが仲良く並んでいる

ォルミンをつくる遺伝子であることを突き止めた、デビソン博士らの論文である。そこでふと、彼が私にこう尋ねた。

「ところで、何でデビソンさんは、あそこでカタツムリの写真を使ったんですかね」

その論文は、掲載された雑誌の表紙を飾ったのだが、表紙で使われた写真は、不思議なことに論文の主役のヨーロッパモノアラガイではなかったのだ。それはヒダリマキマイマイとアオモリマイマイが仲良く並び、こちらを向いている写真だったのである（図12－4）。私は首を振ってこう答えた。

「さあね……過去への敬意を込めたのかもしれないね」

第13章 グローバルはローカルにあり

私の講義

「Buenos días（おはようございます）」

「BUENOS　DIAS!」

素晴らしい。なんと元気な子供たちだ。自分の挨拶に、全員そろって大声で挨拶を返してもらえるなんて何年ぶりだろう。

「Mucho gusto!（はじめまして）、Soy de Japón（日本から来ました）」

ワオ、と歓声が上がる。なんてノリの良い子供たちだ。

その日、私の講義の聴衆は、九歳から十一歳までの小学生。教室にぎっしり四十人である。出だしは順調。問題はこの踊るようなノリとリズム感をどこまで維持できるかだ。私が用意した秘密兵器はさて、その威力を発揮してくれるだろうか。

＊　＊　＊

人口約一万人のその町は海に面し、南米とは思えぬほど平穏で、長閑《のどか》である。海岸や港には黒いウミイグアナ（図13-1）が群れをなし、市場の床にはアシカが横たわる。レストランではダーウィンフィンチが客のランチを狙い、上空にはグンカンドリが悠然と舞う。そこはガラパゴス諸島最大の町、サンタクルス島のプエルト・アヨラである。

二〇一九年六月のことだ。この町の学校、サンフランシスコ・デ・アシス校の小学生に、海洋島の陸貝の進化について講義をして欲しい——そう依頼を受けた私は、二つ返事で引き受けた。依頼主は、ガラパゴス諸島住民への科学教育を進めている、教育学者のブラント・ミラー（Brant Miller）博士。「大丈夫、子供たちは英語がわかる」。それならＯＫだ。講義は前半を私が担当、

図13-1　ウミイグアナ

後半をアイダホ大学で准教授を務めるクリスティン・パレント（Christine Parent）博士が担当する。彼女はガラパゴスの生態系や、陸貝、昆虫の研究に取り組む新進気鋭の進化学者だ。

私の話はこんな内容だ。陸貝はどんな動物か、海洋島で陸貝はどう進化したか、小笠原の例、なぜ陸貝は島に渡れるのか――例えば陸貝は塩分耐性が高い種が多く、海を渡れる、また雌雄同体で自家受精もできる種類の場合、島にたどり着いた一匹だけで、子孫を残し定着できる――。

ところが当日が近づくにつれ、雲行きが怪しくなった。実際には英語がわかる子はクラスの三分の一、ちょっとわかる程度なのが三分の一、残りはスペイン語しかわからないらしい。時間の都合で逐次通訳も無理という。ミラー博士曰く「スペイン語を混ぜれば大丈夫」――いや自分のスペイン語力でそれは無理。なにしろ相手は子供だ。退屈な話でも空気を読んで我慢して聞く、大人のような習慣はないはずだ。しかも自由奔放が売りのラテンの子供たちだ。そんな相手に、三分の一しか通じない英語と、指差し会話レベルのスペイン語のミックスで、どう立ち向かえというのか。言葉というツールを半ば封じられた状況で、どうやって小学生に雌雄同体で自家受精、などという難しい状態を説明すればいいのだ。学級崩壊不可避である。

だが私は現地での入念な事前の聞き込み調査により、ある重要な情報を入手した。彼らの間では少し前の日本のアニメが大人気、誰でもストーリーを知っているというのである。私は秘策を練った。

ツールとスキル

「¿Quién es esta persona?（この人は誰でしょう？）」

「PICCOLOOO！（ピッコロ～ッ！）」

「¿Os gusta Piccolo?（ピッコロは好きかな？）」

「SIIII!（イエ〜ス！）」

子供たちの英雄、ピッコロ大魔王の力で、難しい話が凄い盛り上がりだ。ピッコロ大魔王——ナメック星人は雌雄同体で自家受精できる——この設定を知る子供達に細かな説明は不要だった。私は要所で『ドラゴンボール』その他の助けを借り、最後まで話をノリ良く楽しんでもらうことができた。

日本でガラパゴス的な発展を遂げた日本のアニメは、ガラパゴスの子供たちにも通じる、グローバルなコミュニケーションツールなのである。

残りは質問タイムだ。目立ちたがりの彼らは、全員手を挙げ、勝手に喋り出す。一人が直立不動で演説を始めた。外来種アフリカマイマイの解説をしているらしい。さすがガラパゴスの子供達だ。最後に私が挨拶し、「Gracias!」と締めると、熱い拍手と歓声。日本に皆連れて帰りたいくらいだ。

終了後、子供たちと、それから満足げなミラー博士とハイタッチをしながら感じたこと——それは、事の成り行きを一番心配していたのが実はミラー博士だったのかもしれない、ということだった。とはいえ反省点もある。陸貝はナメック星人みたいに口からは卵を産まない——そう言うのを忘れた。やはりスペイン語が下手では限界がある。次回までに言葉の学習が欠かせない。

後半の講義はスペイン語が堪能なパレント博士である。ガラパゴスの陸貝や小動物の進化がテーマだ。彼女は子供達に問いを投げかけて、自由に喋らせる。「一つの祖先からガラパゴスで一番多くの種が進化した動物は何？」「フィンチ」「ゾウガメ」「陸貝？」「正解！」「死殻を拾った」「どこで？」「生きたのは見たことない」「絶滅したんじゃない？」「なぜ？」。目立ちたがりのように、飛び交う言葉のパスを中心で巧みにコントロールする。パレント博士はまるでバスケットボールの試合で奔放な、彼らの性質に合う双方向型の授業だ。思いがけない方向に飛ぶ話題を受け止めつつ、議論に流れを作る。寡黙な子にも目を配り、ノリの良さとリズム感を保つ。子供も教員も授業を楽しむのである。活発で創造的だが、一歩間違えれば収拾がつかなくなるリスクがある。高いスキルがなければできない授業だ。

パレント博士は、大学院生の頃から助手として様々な授業を担当し、この教授法を指導者から学んでスキルを磨いてきた。科学を進めるには優れたツールと高いスキルが必要だが、科学を伝えるにもそれらは欠かせない。将来どんなツールとスキルが役立つかはすぐにはわからないが、それらを得て身に着けるには時間もコストもかかるので、独自のツールやスキルを得た人は、それが必要になった世界で無双である。

密林の剣士

パレント博士が手にする山刀は、刃渡り六十センチはあるだろうか。彼女はマチェテと呼ばれる青竜刀のような山刀を振り回し、外来植物で覆い尽くされた密林を、バッサバッサと切り開いて進んでいく。

サンタクルス島は、ガラパゴス諸島で陸貝の種多様性が最も高い島である。だがその山域の多くは、外来生物の侵略を受け、生態系が激変してしまった。ガラパゴス固有の陸貝が生息する在来の森林地帯に行くには、外来種で占拠された土地を越えて行かねばならない。

行く手を阻むのは、鋭い棘を茎に密生させ、巨大化したバラ科の外来植物ブラックベリー。何処までも蔓を伸ばし、深い藪となって土地を覆う（図13-2）。さらに足元には毒アリの一種コカミアリ。至る所に巣があり、うかつに踏むと凄まじい勢いで噴出してきたアリの大群に、あっという間に足から胴まで包まれる。衣服の中に入り込んで攻撃し、食いつかれると、火傷のように激しく痛む。彼らは木の上からも降ってきて、首筋に容赦なく嚙みつく。だがそんな不快な外敵に、パレント博士が怯むことはない。緑の竜のように絡みつく棘だらけのブラックベリーの大

図13-2 行く手を塞ぐブラックベリーの叢林。サンタクルス島にて

図13-3 サンタクルス島の林内とガラパゴスゾウガメ

群を、大きな山刀で薙ぎ払う彼女の姿は、まるでファンタジー世界の剣士のようである。

外来種との格闘の末に密林を抜けると、見通しの良い疎林に出る。キク科の樹木スカレシアなどが繁茂する、在来種の林である。小さな道が林の奥まで続き、その真ん中に大きなドーム状の甲羅が見える。ガラパゴスゾウガメの通り道だ（図13-3）。よく見ると、下草に長さ十五ミリ程の白く細長いカタツムリが付いている。足元の黒い溶岩礫《れき》を裏返すと、茶色のドングリのようなカタツムリが何匹も付着している。ガラパゴス固有のトウガタマイマイの仲間である（図13-4）。パレント博士の研究材料だ。

陸貝を探して石をひっくり返していると、目の下に黒い隈取りのある鳩サイズの鳥が、ひょいと近づいてきた。ガラパゴスマネシツグミである。物見高いその鳥はすぐ足元までやってきて、石起こし作業の跡を覗き込んだ。

生態系の変遷

「ガラパゴスで進化の研究がしたかったからです」

なぜ陸貝を、という私の問いに、そうパレント博士は答えた。カナダ生まれの彼女は、高校生

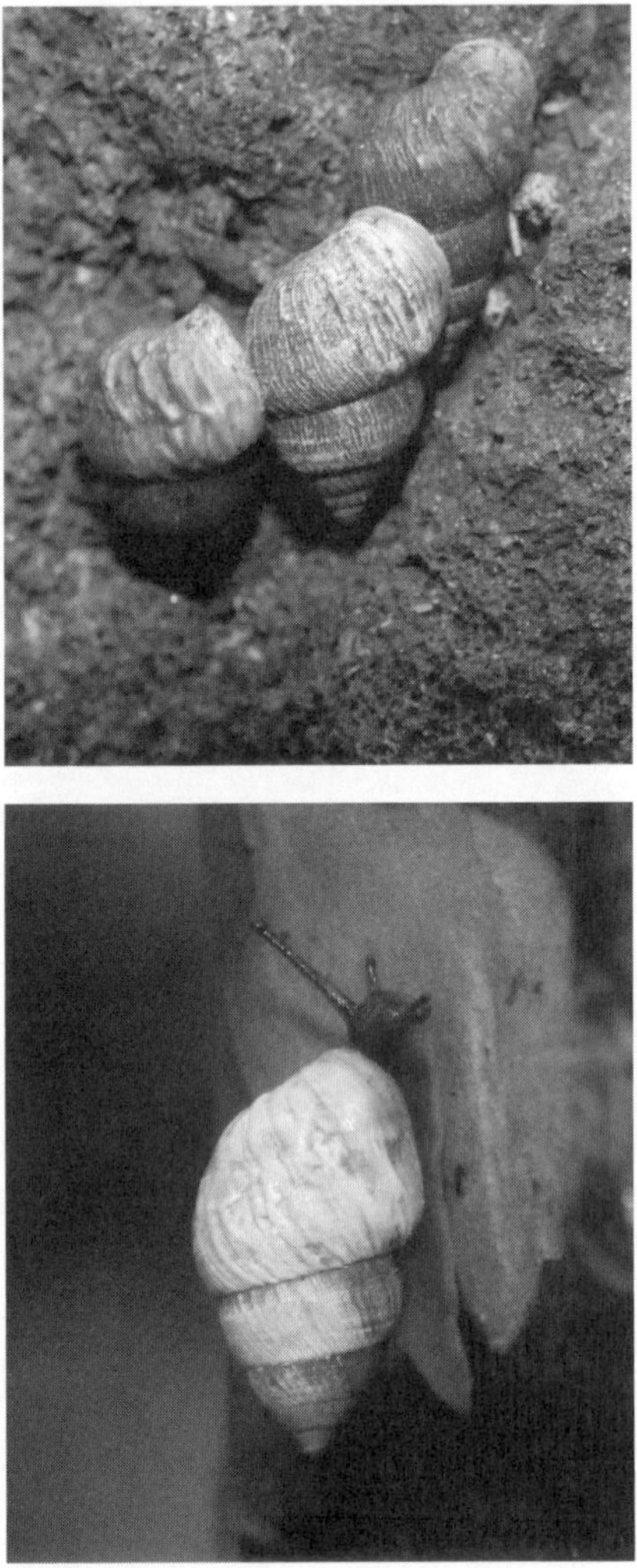

図13-4 ガラパゴス固有のトウガタマイマイの仲間

の時に初めてガラパゴスを訪れ、ここで進化の研究をすると決めたという。だが厳重に自然が保護され規制の厳しいガラパゴスで、そうした研究活動を始めるのは容易でない。特に注目度が高く研究実績のある鳥やトカゲ、カメなどの研究に、後追い参入しても希望が実現する可能性は低い。そこで進化研究の対象として大きな潜在的価値を持つのに、注目されず研究もされてこなかった生物を探したという。そしてたどり着いたツールが、トウガタマイマイ類だったのである。

ガラパゴスには形やニッチ（地上性、樹上性などといった生息地）の異なる、七十種ものトウガタマイマイ類が知られている。パレント博士の研究で、これらはガラパゴスで単一の祖先種から劇的な適応放散を遂げたものであることが示された。これが彼女の博士論文（二〇〇八年）となった。その後、生息環境の多様性がトウガタマイマイ類の種分化を促進したことや、同種や別種個体間の競争が、それらの棲み場所の多様化に寄与したことを示すなど、多くの成果を挙げて、ガラパゴスの研究者としての地位を、不動のものにしたのである。

「実は最近の研究で、海洋島ではこれまであまり注目されてこなかった、ある重要な問題に気づきました。それを私に教えてくれたのが、あれです」

彼女が指差す先には、黒い石の上で何かを探しているガラパゴスマネシツグミ。約百八十年前、ダーウィンを進化の着想に導く閃きを与えた、生けるモノリスのような存在だ。

図13-5 トウガタマイマイの一種を捕食するガラパゴスマネシツグミ

彼女は調査の過程で、ガラパゴスマネシツグミがトウガタマイマイ類の主要な捕食者であることに気づいた（図13-5）。そこで成立年代が七十万～二百五十万年前まで異なる多くの島で、トウガタマイマイ類と捕食者の鳥の関係を調べてみたのである。すると古い島では鳥の捕食圧が高く、捕食に対する適応の結果、トウガタマイマイ類の殻の色は、鳥へのカムフラージュの役目を果たしていた。ところが新しい島では捕食圧は低く、殻の色は棲み場所の気温への適応のため、太陽光の吸収・反射の機能を果たしていた。島の歴史とともに、自然選択の要因が変化していたのだ。そこに棲む生物の進化が進んだ古い島ほど、捕食圧が高まり、天敵の攻撃に対する適応が、その後の進化に重要となる。島でそれぞれ独自性を進化させた異なる生物が、今度は互いに関わり合いを高めることにより、新たな方向への進化が起こるのである。

大陸より天敵や競争相手が少ない――これまで海洋島で起きる生物進化は、そうした性質を持つ生態系への適応、という面から説明されてきた。だがその進化は同時に島の生態系の性質も変化させていたのである。

目立たぬ生物の研究から、これまで隠れていた生態系全体の姿が少しずつ見えてきた。パレント博士は現在、生態系の構造（食物網やエネルギー循環）が、島の歴史や生物の進化とともにどう変わるかも調べている。

「生態系がどう変遷するのか。多様な形成年代の島からなるガラパゴスは、それを知るための最高のツールなのです」

レアスキル無双

五年前、アイダホ大学に研究室を立ち上げたパレント博士の研究チームは、大学院生やポスドク、他機関の研究者も含め、十人ほどのメンバーからなる。各メンバーが個別の研究テーマに取り組むとともに、アイデアやスキルの交換により、互いの研究をアシストする。パレント博士は、それを「バスケットボールのチームのよう」と表現する。研究室やチームのメンバーから、タカヒロあるいはタカ、と呼ばれるポスドクである。彼は日本で陸貝の研究で学位を取った後、パレント研究室に着任し、ガラパゴスの陸貝研究に取り組んできた。

鞘に納めた長い山刀を背に差し、荒涼とした溶岩の岩場を、魔界の旅人のように身軽に越えていく。特製手袋を装着して林内に潜行、ターゲットの陸貝を見つける。これがタカのガラパゴスでの日課だ。

タカの狙いは、個体間の繁殖を巡る競争（性的競争）により生じる性選択が、トウガタマイマイ類の種分化に重要な役割を果たした、という仮説を検証することだ。陸貝の交尾器の形は、交尾の際の受精率と関係がある。性選択のため交尾器の形に一定方向の進化が起きるのか、またそれが種分化を引き起こすのかを調べようというわけである。

タカが手掛けるまで、このテーマには大きな問題が立ちはだかっていた。第一に、小型の陸貝の交尾器を調べるには、特別な解剖スキルが必要だった。だが世界最高水準の陸貝解剖スキルをもつタカには、容易な話だった。第二に、海外の研究者は、陸貝を解剖する時に殻を破壊するが、ガラパゴスのトウガタマイマイ類は、標本の殻を壊すことが許されない。その貴重さゆえに、採集標本（殻）はエクアドル政府への返還が義務付けられているからである。だがタカは、肉抜き（英語でNikunuki）という、日本の貝類愛好家の間で独自に発展したスキルを用い、殻を壊すことなく軟体部を綺麗に殻から分離できた。

サンタクルス島にあるチャールズ・ダーウィン研究所には、トウガタマイマイ類のエタノールの液浸標本が、大量に保管されている。この中には絶滅種や現在は捕獲が困難な種が多く含まれている。タカは肉抜きのスキルを使って、その液浸標本から、殻を壊さずに軟体部を分離した。これによって絶滅種を含む全ての種の解剖学的研究が可能になった。加えて、その軟体部を使い、絶滅種の遺伝子解析も可能になったのである。

タカは陸貝に対する豊富な知識を活かし、パレント博士の支援のもと南米の陸貝にも研究対象を広げている。ガラパゴスの陸貝類のルーツや、南米の陸貝の進化史を解明する研究でも着々と成果を挙げつつある。

伝道師がゆく

大阪出身のタカが好きなものは、野球と陸貝。どちらか選べと言われたら陸貝――小学生の時以来、ずっと陸貝フリークであったタカは、陸貝の楽しさ面白さを人々に伝えるのが自分の使命だと思ってきた。日本で陸貝と野球の伝道師として普及活動に努め、所属研究室に多くの信者を得たタカは、アメリカでもやはり陸貝と野球の普及活動に勤しんでいる。

同じパレント研究室のポスドクで、ミシガン出身のジョン相手に、大阪的なマシンガントークを展開し、時折冷静にツッコミを入れている様は、日本にいた時と変わらない。違いは言葉が英語になったことだけである。彼の布教が実を結び、ジョンも今では陸貝ファンだ。ただしバスケットボールフリークのジョンには、野球は少しハードルが高いようだ。メジャーがいかに素晴らしいか、オオタニ（大谷翔平）がいかに凄いかをタカは熱く語るのだが、やや苦戦気味である。

パレント研究室の学生たちは、その圧倒的な知識量とスキル、信念を貫く生き方に魅かれ、タカに厚い信頼を寄せる。タカがパレント博士の懐刀として、また研究チームのセンターとして無双でいられるのは、彼のスキルと知識が、今やチームの核心を担っているからだ。パレント博士のチームは、ガラパゴスのトウガタマイマイ類や生態系の専門家チームではあったものの、陸貝自体の専門家を擁していた訳ではなかった。それゆえタカが持ち込んだスキルと知識は、チーム強化の決定的な要素となったのである。

一方、タカはパレント博士から、ガラパゴスと南米の陸貝という新たなツールを授けられた。

また、ゲノム解析によるトウガタマイマイ類の遺伝子機能の研究にも関与し、新たなスキルを学んで身に着けた。次の目標は、陸貝の求愛・交尾など繁殖行動と交尾器官の多様性を決めている遺伝子を突き止めること、そして陸貝を通して世界中に広がった研究者と貝類愛好家の人脈を活かし、彼らの協力を得て、世界の陸貝の進化史を解明することだ。

アメリカで様々な分野の研究者と出会い、彼らとの議論や共同研究を経て、タカは進化研究の面白さに改めて気づいたという。陸貝だけでなく、生物進化の面白さと素晴らしさを語る進化の伝道師として、彼が語り始める日もそう遠くないかもしれない。

独自で普遍

「進化を知ること、考えることの面白さを通して、地味で注目されない生物に素晴らしい価値があることを、ガラパゴスの子供達にも伝えたいのです」

パレント博士は、あらゆる生物が進化的価値を持つこと、そしてそれを次の世代に伝えることの大切さをこう強調する。

進化学者にとって〝ガラパゴス〟は、独自性に伴う排他性と脆弱さのメタファーではない。それは独自でローカルであるとともに、グローバルな価値を持つ存在を意味する。

そんなガラパゴスなら、本当は私達の周りに幾らでもある。ダーウィンフィンチならそこら中で羽ばたいている。それらは自然の中だけでなく、実験室にも、また私たち自身の中にもある。ダーウィン以来、進化を追究してきた数多の進化学者たちは、それらの意義と価値に気づき、進化の謎を解くツールとしてきたのである。

英国の詩人ジョン・ダンは、「人は誰も島ではない」（全ての人は一人ではない、一人では生きていけないの意味）と書いたが、英国の小説家ニック・ホーンビィは『アバウト・ア・ボーイ』の中で孤独な主人公に「全ての人は島である」と語らせた。全ての人は他から切り離された孤独な存在であると。

進化学者にとって、これはどちらも正しい。彼らのアイデアは普遍的であるとともに、独創的でなければならないからだ。彼らは独自の着想と研究から、一般性のある原理を見出す。それぞれが独自で異質であるがゆえに、彼らのコミュニケーションは、新しい研究の出発点となり、普遍的な現象や原理の発見に導く。だから進化学者は多くの仲間達とグローバルな協力関係を結んだり闘ったりする一方、誰とも違うローカルで孤独な存在でなければならない。限りなくローカルでかつグローバルな存在でなければならない。

そう、全ての進化学者はガラパゴスを目指すのである。

＊　＊　＊

サンタクルス島プエルト・アヨラの東端に位置するチャールズ・ダーウィン研究所――その見通しの良い高台に、小さな東屋《あずまや》がある。中にはベンチがあり、そこに本を手にして腰かける、若き日のダーウィンの像がある。等身大のブロンズ像である。タカやジョンら若き進化学者や進化学ファンの若者たちは、そこを訪れると決まって、その横に並んで座り、若きダーウィンと肩を組む。そして約百八十年の時を越え、まるで古くからの友人のように彼と記念撮影をする。

ダーウィンの最も偉大な功績は、その志を継ぐ無数の同志、無数のダーウィンを、未来に誕生させたことだったのかもしれない。

そんな彼らのように、君もダーウィンになってみないか？

あとがき

本書を執筆するにあたり多くの方々にお世話になった。講談社学芸部の高月順一氏には、本書の企画段階から終始適切な助言と励ましを頂いた。また以下の方々にはインタビュー、助言、情報提供等により特にお世話になった。ここに記して感謝の意を表したい（順不同、敬称略）。アンガス・デビソン、ローズマリー・ギレスピー、平野尚浩、河田雅圭、熊野岳、クリスティン・パレント、斎藤匠、佐藤綾、フランク・サロウェイ、高田良二、牧野能士、三浦収、山崎大志、ジョン・ヴァン・ワイ。

なお、本書でフィールドワークに興味を持たれた方は、ぜひ日本生態学会発行の「フィールド調査における安全管理マニュアル」（日本生態学会誌第69巻別冊）を一読されたい。

どんなチャレンジもまずは安全第一で。

参考文献

Parent CE, Caccone A, Petren K（2008）Colonization and diversification of Galápagos terrestrial fauna: a phylogenetic and biogeographical synthesis. *Philos. Trans. R. Soc. Lond. B* 363: 3347-3361.
Parent CE, Crespi BJ（2009）Ecological Opportunity in Adaptive Radiation of Galápagos Endemic Land Snails. *Amer. Nat.* 174:898-905.
Kraemer AC et al.（2019）Trade-offs direct the evolution of coloration in Galápagos land snails. *Proc. R. Soc. Lond. B* 286:20182278.
Hirano T, Parent C（2019）Evolutionary diversification of genital morphology among endemic land snails of the Galapagos Islands. Abstracts, *World Congress of Malacology*, California.
Donne J（1624）Meditation XVII, Devotions upon Emergent Occasions: in Coffin CM et al. eds.（2001）*The Complete Poetry and Selected Prose of John Donne*. Modern Library.
Hornby N（1998）*About a Boy*. Riverhead Books.

動画
＊Angus Davison博士解説（第２回、第３回）"Jeremy the Lefty Snail and Other Asymmetrical Animals" (Stegosaurus Industries)：https://www.youtube.com/watch?v=ZWiI69bPXT8
＊Rosemary Gillespie博士講演（第７回）"The World's Biota"（UC Berkeley Research）：https://www.youtube.com/watch?v=ZFiO1QZHcaw
＊Christine Parent博士講演（第13回）"Diversification on Island Systems"（Oregon State Univ. Ecampus）：https://www.youtube.com/watch?v=IOyazfMXUds

Court Pub. Co.
de Vries H (1910) *The mutation theory: experiments and observations on the origin of species in the vegetable kingdom*. Vol. II (The origin of varieties by mutation. Trans. by Farmer JB, Darbishire AD), Open Court Pub. Co.
Mayr E (1963) *Animal Species and Evolution*. Harvard Univ. Press.
Dobzhansky Th (1936) Studies on hybrid sterility. II. Localization of sterility factors in Drosophila pseudoobscura hybrids. *Genetics* 21: 113-135.
Gittenberger E (1988) Sympatric speciation in snails; a largely neglected model. *Evolution* 42:826-828.
Asami T et al. (1998) Evolution of mirror images by sexually asymmetric mating behavior in hermaphroditic snails. *Am. Nat.* 152:225-236.
Davison A (2001) Collaboration with Japan could be more tempting. *Nature* 412:855.
Ueshima R, Asami T (2003) Single-gene speciation by left-right reversal. *Nature* 425: 679.
Davison A, Chiba S, Barton NH, Clarke BC (2005) Speciation and gene flow between snails of opposite chirality. *PLoS Biol.* 3: 1559-1571.
Hirano T et al. (2014) Substantial incongruence among the morphology, taxonomy, and molecular phylogeny of the land snails *Aegista, Landouria, Trishoplita*, and *Pseudobuliminus* (Pulmonata: Bradybaenidae) occurring in East Asia. *Mol. Phyl. Evol.* 70:171-181.
Hirano T et al. (2015) Divergence in the shell morphology of the land snail genus *Aegista* (Pulmonata: Bradybaenidae) under phylogenetic constraints. *Biol. J. Linn. Soc.* 114:229-241.
中尾健太郎 (1999)『マイマイ属 (Euhadra) の異種間交尾. かいなかま』(阪神貝類談話会) 33:1.
Richards PM et al. (2017) Single-gene speciation : mating and gene flow between mirror-image snails. *Evolution Letters* 1: 282-291.
Daily Mail (22 Nov. 2017) "Surely there's a better way...Japanese snails can twist their GENITALS to mate face-to-face"
Davison A et al. (2016) Formin is Associated with Left-Right Asymmetry in the Pond Snail and the Frog. *Curr. Biol.*, 26, 654-660.
Evolution Letters Editors' blog (21 Nov. 2017) "Twisted sex overcomes barriers to gene flow in mirror image snails" (https://evolutionletters.wordpress.com/2017/11/21/twisted-sex-overcomes-barriers-to-gene-flow-in-mirror-image-snails/).

第13章

Parent CE, Crespi BJ (2006) Sequential colonization and rapid diversification of Galápagos endemic land snail genus *Bulimulus* (Gastropoda, Stylommatophora). *Evolution* 60: 2311-2328.

land snails. *Biol. J. Linn. Soc.* 88:269–282.

Davison A, Chiba S（2006）The recent history and population structure of five *Mandarina* snail species from subtropical Ogasawara (Bonin Islands, Japan). *Mol. Ecol.* 15:2905–2919.

Davison A, Chiba S（2008）Contrasting response to Pleistocene climate change by ground-living and arboreal *Mandarina* snails from the oceanic Hahajima archipelago. *Phil. Trans. R. Soc. Lond. B* 363:3391–3400.

Chiba S, Davison A, Mori H（2007）Endemic land snail fauna (Mollusca) on a remote peninsula in the Ogasawara archipelago, northwestern Pacific. *Pacific Sci.* 61:257–265.

Chiba S, Davison A（2008）Anatomical and molecular studies reveal several cryptic species of the endemic genus *Mandarina* (PULMONATA: HELICOIDEA) in the Ogasawara Islands. *J. Mollus. Stud.* 74:373–382.

第10章

遠藤周作（1996）『深い河』（講談社文庫）

千葉聡（2013）『陰の支配者、二生吸虫（宮地賞受賞者総説コメント）』日本生態学会誌63: 299- 300.

第11章

Miura O et al.（2006）Parasites alter host phenotype and may create a new ecological niche for snail hosts. *Proc. R. Soc. Lond. B* 273:1323–1328.

三浦収（2013）『二生吸虫：宿主を操る黒幕の正体（宮地賞受賞者総説）』日本生態学会誌63: 287–297

Miura O et al.（2005）Molecular-genetic analyses reveal cryptic species of trematodes in the intertidal gastropod, *Batillaria cumingi* (Crosse). *Int. J. Parasitl.* 35:793–801.

Miura O（2012）Social organization and caste formation in three additional parasitic flatworm species. *Mar. Ecol. Prog. Ser.* 465: 119–127.

Miura O et al.（2006）Introduced cryptic species of parasites exhibit different invasion pathways. *Proc. Natl. Acad. Sci. U.S.A.* 103:19818–19823

Miura O（2007）Molecular genetic approaches to elucidate the ecological and evolutionary issues associated with biological invasions. *Ecol. Res.* 22: 876–883.

第12章

de Vries H（1909）*The mutation theory: experiments and observations on the origin of species in the vegetable kingdom.* Vol. I (The origin of species by mutation. Trans. by Farmer JB, Darbishire AD), Open

Chiba S (2004) Ecological and morphological patterns in communities of land snails of the genus *Mandarina* from the Bonin Islands. *J. Evol. Biol.* 17:131-143.
Chiba S (1999) Character displacement, frequency-dependent selection, and divergence of shell colour in land snails *Mandarina* (*Pulmonata*). *Biol. J. Linn. Soc.* 66:465-479.
Chiba S, Davison A (2008) Anatomical and molecular studies reveal several cryptic species of the endemic genus *Mandarina* (*Pulmonata: Helicoidea*) in the Ogasawara Islands. *J. Mollus. Stud.* 74:373-382.
Chiba S (2007) Morphological and ecological shifts in a land snail caused by the impact of an introduced predator. *Ecol. Res.* 22:884-891.
Chiba S (1993) Modern and historical evidence for natural hybridization between sympatric species in *Mandarina* (Pulmonata: Camaenidae). *Evolution* 47:1539-1556.
Chiba S (1998) Genetic variation derived from natural gene flow between sympatric species in land snails (*Mandarina*). *Heredity* 80: 617-623.
Chiba S (1997) Novel color polymorphisms in a hybrid zone of *Mandarina* (Gastropoda: Pulmonata). *Biol. J. Linn. Soc.* 61: 369-384.
Chiba S (2005) Appearance of morphological novelty in a hybrid zone between two species of land snail. *Evolution* 59:1712-1720.
Hirano T et al. (2018) Genetic and morphometric rediscovery of an extinct land snail on oceanic islands. *J. Mollusc. Stud.* 84:148-156.
Wada S, Kameda Y, Chiba S (2013) Long-term stasis and short-term divergence in the phenotypes of microsnails on oceanic islands. *Mol. Ecol.* 22:4801-4810.
Chiba S (2007) Species richness patterns along environmental gradients in island land molluscan fauna. *Ecology* 88:1738-1746.
Chiba S, Cowie RH (2016) Evolution and extinction of land snails on oceanic Islands. *Annu. Rev. Ecol. Evol. Syst.* 47: 123-141.
日本政府（2010）『世界遺産一覧表記載推薦書　小笠原諸島』
IUCN (2011) Ogasawara Islands (Japan), ID No. 1362. IUCN Evaluations of Nominations of Natural and Mixed Properties to the World Heritage List: 59-72.
『第７回　日本進化学会大会プログラム・講演要旨集』(2005年8月26〜29日、仙台)
小笠原自然情報センター『平成28年度第２回地域連絡会議　配布資料』(2016年12月22日）(http://ogasawara-info.jp/isan/tiikirenrakukaigi.html) 資料4-3:遺産登録５周年記念行事の実施状況

第９章

Davison A, Chiba S (2006) Labile ecotypes accompany rapid cladogenesis in an adaptive radiation of *Mandarina* (Bradybaenidae)

Gillespie RG, Tabashnik BE (1989) What makes a happy face? Determinants of colour pattern in the Hawaiian happy face spider *Theridion grallator* (*Araneae, Theridiidae*). *Heredity*. 62: 355-363.
Gillespie RG (2004) Community assembly through adaptive radiation in Hawaiian spiders. *Science* 303: 356-359.
Oxford GS, Gillespie RG (1996) Genetics of a colour polymorphism in *Theridion grallator* (*Araneae*: *Theridiidae*), the Hawaiian happy-face spider, from Greater Maui. *Heredity* 76:238-248.
Gillespie RG, Oxford GS (1998) Selection on the color polymorphism in Hawaiian happy-face spiders: Evidence from genetic structure and temporal fluctuations. *Evolution* 52:775-783.
Gillespie RG (2016) Island time and the interplay between ecology and evolution in species diversification. *Evol. Appl.* 9: 53-73.
Gillespie RG (2013) Adaptive radiation: Convergence and non-equilibrium. *Curr. Biol.* 23: R71-R74.
東京都港湾局・日本工営 (1972)『昭和46年度小笠原空港予定地測量その他調査予備設計報告書』
東京都総務局・日本工営 (1987)『小笠原諸島航空路開発調査 (その2) 報告書』
小笠原村・日本空港コンサルタンツ (1988)『小笠原航空路に関する基礎調査』
東京都総務局・土木学会 (1989)『小笠原マリンリゾート開発調査報告書』
船越眞樹 (1992)『小笠原・兄島の自然と空港計画』信州大学 環境科学年報14:101-119.
千葉聡 (1989)『小笠原諸島兄島のカタマイマイ属』小笠原研究年報12: 49-55
Chiba S (1988) Taxonomy and morphologic diversity of *Mandarina* (*Pulmonata*) in the Bonin Islands. *Trans. Proc. Palaeont. Soc. Jpn. N.S.* 155:218-251.
冨山清升 (1990)『小笠原諸島兄島の固有陸産貝類』遺伝 43:41-45.
黒住耐二 (1988)『小笠原諸島兄島の陸産貝類相とその特徴』小笠原研究年報12:37-41.
東京都立大学小笠原研究委員会 編 (1991)『第2次小笠原諸島自然環境現況調査報告書』(1990-1991).

第8章

政府統計の総合窓口e-Stat (https://www.e-stat.go.jp/):小笠原村
Chiba S (1996) Ecological and morphological diversification within single species and character displacement in *Mandarina*, endemic land snails of the Bonin Islands. *J. Evol. Biol.* 9: 277-291.
Chiba S (1999) Accelerated evolution of land snails *Mandarina* in the Oceanic Bonin Islands: Evidence from mitochondrial DNA sequences. *Evolution* 53:460-471.

duplicated genes to high habitat variability in mammals. *Mol. Biol. Evol.* 31:1779-1786.
Wagner A（2011）*The origins of evolutionary innovations: A theory of transformative change in living systems.* Oxford Univ. Press.
リース JB（池内昌彦他 監訳）（2018）『キャンベル生物学　原書11版』（丸善出版）
Birstein VJ（2004）*The Perversion of Knowledge: The True Story of Soviet Science,* Westview Press.
中村禎里（1967）『ルイセンコ論争』（みすず書房）
泊次郎（2008）『プレートテクトニクスの拒絶と受容 戦後日本の地球科学史』（東京大学出版会）
今西錦司（1972）『生物の世界』（講談社文庫）
今西錦司（1976）『進化とはなにか』（講談社学術文庫）
今西錦司（1980）『主体性の進化論』（中公新書）
Kimura M（1968）Evolutionary rate at the molecular level. *Nature* 217:624-626.
木村資生 著・監訳（向井輝美・日下部真一 訳）（1986）『分子進化の中立説』（紀伊國屋書店）
柴谷篤弘（1985）『構造主義生物学原論』（朝日出版社）
Schopf TJM (ed.)（1972）*Models in Paleobiology*: Freeman, Cooper.
Sepkoski D（2015）Rereading the Fossil Record: *The growth of paleobiology as an evolutionary discipline.* Univ. of Chicago Press.
辻和希 編（2017）『生態学者・伊藤嘉昭伝 もっとも基礎的なことがもっとも役に立つ』（海游舎）
河田雅圭他 編（1985-88）*Networks in Evolutionary Biology* 1-6.
河田雅圭（1989）『進化論の見方』（紀伊國屋書店）
河田雅圭（1990）『はじめての進化論』（講談社現代新書）
日本古生物学会1991年年会講演予稿集（1991年1月31日～2月2日，仙台）．
Sato DX, Kawata M（2018）Positive and balancing selection on *SLC18A1* gene associated with psychiatric disorders and human-unique personality traits. *Evolution Letters* 2:499-510.

第7章
Gillespie RG, Clague DA (eds.)（2009）*Encyclopedia of islands.* Univ. of California Press.
Gillespie RG, Roderick GK（2002）Arthropods on islands: Colonization, speciation, and conservation. *Annu. Rev. Entomol.* 47: 595-632.
MacArthur RH, Wilson EO（1967）*The theory of island biogeography.* Princeton Univ. Press.
Gillespie RG（1991）Predation through impalement of prey: The foraging behavior of Doryonychus raptor (*Araneae: Tetragnathidae*). *Psyche* 98: 337-350.
Gillespie RG（1992）Impaled prey. *Nature* 355: 212-213.

incongruence involving nuclear and mitochondrial markers in Korean populations of the freshwater snail genus *Semisulcospira* (*Cerithioidea: Pleuroceridae*). *Mol. Phylogen. Evol.* 43: 386-397.

小塚拓矢（2016）『怪魚ハンター』（ヤマケイ文庫）

Miura O, Köhler F, Lee T, Li J, Ó Foighil D（2013）Rare, divergent Korean *Semisulcospira* spp. mitochondrial haplotypes have Japanese sister lineages. *J. Mollusc. Stud.* 79: 86-89.

Satoguchi Y（2012）Geological History of Lake Biwa: in Kawanabe H et al. (eds.), *Lake Biwa: Interactions between nature and people.* Springer: 9-16.

Köhler F（2016）Rampant taxonomic incongruence in a mitochondrial phylogeny of Semisulcospira freshwater snails from Japan (*Cerithioidea: Semisulcospiridae*). *J. Mollusc. Stud.* 82: 268-281.

Miura O et al.（2018）Recent lake expansion triggered the adaptive radiation of freshwater snails in the ancient Lake Biwa. *Evolution Letters* 3: 43-54.

ドルフ・シュルーター（森誠一・北野潤 訳）（2012）『適応放散の生態学』（京都大学学術出版会）

第6章

Erpel F（1969）*Van Gogh: The Self-Portraits,* New York Graphic Society.

Christidis L, Schodde R（1993）Sexual selection for novel partners: A mechanism for accelerated morphological evolution in the birds-of-paradise (*Paradisaeidae*). *Bull. Br. Ornithol. Club.* 113:169-172.

Endler JA（1980）Natural selection on color patterns in *Poecilia Reticulata. Evolution* 34:76-91

Brooks R（2002）Variation in female mate choice within guppy populations: Population divergence, multiple ornaments and the maintenance of polymorphism. *Genetica* 116:343-358.

.Tezuka A et al.（2014）Divergent selection for opsin gene variation in guppy (*Poecilia reticulata*) populations of Trinidad and Tobago. *Heredity* 113:381-389.

Sakai Y, Kawamura S, Kawata M（2018）Genetic and plastic variation in opsin gene expression, light sensitivity, and female response to visual signals in the guppy. *Proc. Natl. Acad. Sci. U.S.A.* 115:12247-12252.

Tsuda ME, Kawata M（2010）Evolution of gene regulatory networks by fluctuating selection and intrinsic constraints. *PLoS Comp. Biol.* 6: e1000873.

Makino T, Kawata M（2012）Habitat variability correlates with duplicate content of *Drosophila* genomes. *Mol. Biol. Evol.* 29:3169-3179.

Tamate S, Kawata M, Makino T（2014）Contribution of non-ohnologous

Oliver JC, Tong XL, Gall LF, Piel WH, Monteiro A, et al. (2012) A single origin for nymphalid butterfly eyespots followed by widespread loss of associated gene expression. *PLoS Genet.* 8:e1002893.
Zhang L, Reed RD (2016) Genome editing in butterflies reveals that *spalt* promotes and *Distal-less* represses eyespot colour patterns. *Nat. Commun.* 7:1-7.
Prudic KL, Stoehr AM, Wasik BR, Monteiro A (2015) Eyespots deflect predator attack increasing fitness and promoting the evolution of phenotypic plasticity. *Proc. R. Soc. Lond B.* 282:20141531.
Monteiro A (2015) Origin, development, and evolution of butterfly eyespots. *Annu. Rev. Entomol.* 60:253-271.
Dobzhansky T (1973) Nothing in Biology Makes Sense except in the Light of Evolution. *Am. Biol. Teacher* 35:125-129.
Malinsky M et al. (2018) Whole-genome sequences of Malawi cichlids reveal multiple radiations interconnected by gene flow. *Nature Ecol. Evol.* 2:1940-1955.
佐々木猛智 (2010)『貝類学』(東京大学出版会)
Hirano T et al. (2019) Cretaceous amber fossils highlight the evolutionary history and morphological conservatism of land snails. *Sci Rep.* 9:15886 (2019)
Davis GM (1969) A taxonomic study of some species of Semisulcospira in Japan (Mesogastropoda: Pleuroceridae). *Malacologia* 7: 211-294.
Nakamura HK, Ojima Y (1990) Cellular DNA contents of the freshwater snail genus Semisulcospira (Mesogastropoda: Pleuroceridae) and some cytotaxonomical remarks. *Amer. Malacol. Bull.* 7: 105-108.
Watanabe NC, Nishino M (1995) A study on taxonomy and distribution of the freshwater snail, genus Semisulcospira in Lake Biwa, with descriptions of eight new species. *Lake Biwa Study Monographs* 6: 1-36.

第５章

根井正利，クマー S (大田竜也・竹崎直子 訳) (2006)『分子進化と分子系統学』(培風館)
長田直樹 (2019)『進化で読み解く　バイオインフォマティクス入門』(森北出版)
エイビス JC (西田 睦・武藤文人 監訳) (2008)『生物系統地理学』(東京大学出版会)
Matsuoka K (1987) Malacofaunal succession in Pliocene to Pleistocene non-marine sediments in the Omi and Ueno basins, central Japan. *J. Earth Sci., Nagoya Univ.* 35:23-115.
Nishino M, Watanabe NC (2000) Evolution and endemism in Lake Biwa, with special reference to its gastropod mollusc fauna. *Adv. Ecol. Res.* 31:151-180.
Lee T, Hong C, Kim J, Ó Foighil D (2007) Phylogenetic and taxonomic

out in love triangle"
Adamo SA, Chase R（1988）Courtship and copulation in the terrestrial snail Helix aspersa. *Can. J. Zool.* 66:1446-1453.
Schilthuizen M, Davison A（2005）The convoluted evolution of snail chirality. *Naturwissenschaften* 92:504-515.
Dobzhansky Th（1936）Studies on hybrid sterility. II. Localization of sterility factors in Drosophila pseudoobscura hybrids. *Genetics* 21: 113-135.
Orr HA（1996）Dobzhansky, Bateson, and the genetics of speciation. *Genetics* 144: 1331-1335.
Gittenberger E（1988）Sympatric speciation in snails: a largely neglected model. *Evolution* 42:826-828.
Johnson MS, Clarke B, Murray J（1990）The coil polymorphism in *Partula suturalis* does not favor sympatric speciation. *Evolution* 44:459-464.
Media Relations, Univ. of Nottingham（12 Oct. 2017）"RIP Jeremy the lefty garden snail."
BBC News（12 Oct. 2017）"Jeremy the 'lefty' snail dies days after mate has young"
Klein J, The New York Times（12 Oct. 2017）"Jeremy the lefty snail is dead. His offspring are All right".
Shultz D, Science（17 Oct. 2017）"Jeremy the #leftysnail is 1 foot under"
BBC News（17 Jan. 2017）"Is it love for Jeremy the lefty snail?"

第４章
サダヴァ D 他（石崎泰樹・斎藤成也 監訳）(2014)『アメリカ版 大学生物学の教科書 第４巻 進化生物学』（講談社ブルーバックス）
ジンマー C 他（更科功他 訳）(2017)『進化の教科書 第２巻 進化の理論』（講談社ブルーバックス）
Endler JA（1995）Multiple-trait coevolution and environmental gradients in guppies. *Trends Ecol. Evol.* 10: 22-29.
Zenk F et al.（2017）Germ line-inherited H3K27me3 restricts enhancer function during maternal-to-zygotic transition. *Science* 357:212-216.
Klosin A et al.（2017）Transgenerational transmission of environmental information in *C.* elegans. *Science* 356:320-323.
Moore RS, Kaletsky R, Murphy CT（2019）Piwi/PRG-1 Argonaute and TGF-β Mediate Transgenerational Learned Pathogenic Avoidance. *Cell* 177:1827-1841.
Inoda T, Hirata Y, Kamimura S（2003）Asymmetric mandibles of water-scavenger larvae improve feeding effectiveness on right-handed snails. *Amer. Nat.* 162:811-814.
Brakefield PM et al.（1996）Development, plasticity and evolution of butterfly eyespot patterns. *Nature* 384:236-242

Boycott AE, Diver C, Garstang SL, Turner FM (1931) 11. The inheritance of sinistrality in Limnæa peregra (Mollusca, Pulmonata). *Phil. Trans. R. Soc. Lond. B* 219:51-131.
Shibazaki Y, Shimizu M, Kuroda R (2004) Body handedness Is Directed by Genetically Determined Cytoskeletal Dynamics in the Early Embryo. *Curr. Biol.* 14:1462-1467.
Kuroda R, Endo B, Abe M, Shimizu M. (2009) Chiral blastomere arrangement dictates zygotic left-right asymmetry pathway in snails. *Nature* 462:790-794.
Davison A et al. (2016) Formin is associated with left-right asymmetry in the pond snail and the frog. *Curr. Biol.* 26: 654-660.
Abe M, Kuroda R (2019) The development of CRISPR for a mollusc establishes the formin *Lsdia1* as the long-sought gene for snail dextral/sinistral coiling. *Development* 146, dev175976.
Hoso M et al. (2010) A speciation gene for left-right reversal in snails results in anti-predator adaptation. *Nat. Commun.* 1:133.
Inoda T, Hirata Y, Kamimura S (2003) Asymmetric mandibles of water-scavenger larvae improve feeding effectiveness on right-handed snails. *Amer. Nat.* 162:811-814.
Tee YH et al. (2015) Cellular chirality arising from the self-organization of the actin cytoskeleton. *Nat. Cell Biol.* 17: 445-457.
Juan T et al. (2018) Myosin1D is an evolutionarily conserved regulator of animal left-right asymmetry. *Nat. Commun.* 9:1942.

第3章
Hiller L, YouTube (29 June 2017) "The tragical ballad of Jeremy the left twisting snail" https://www.youtube.com/watch?v=UDZmxfZfRWY
Media Relations, Univ. of Nottingham (21 Oct. 2016) "Lonely 'lefty' snail seeks mate for love - and genetic study"
Davison A et al. (2016) Formin is associated with left-right asymmetry in the pond snail and the frog. *Curr. Biol* 26: 654-660.
BBC News (20 Oct. 2016) "Help find Jeremy the 'lefty' snail a mate".
BBC Radio 4 Today Programme (21 Oct. 2016).
BBC Two No Such Thing as the News (26 Oct. 2016) "Jeremy the left-handed snail"
Media Relations, Univ. of Nottingham. (8 Nov. 2016) "Search is over for a mate for Jeremy the 'lefty' snail".
BBC News (8 Nov. 2016) "Jeremy the snail finds 'lefty' love after appeal"
Media Relations, Univ. of Nottingham (17 May 2017) "The slither of tiny feet - rare 'lefty' snails produce offspring following public appeal"
BBC News (17 May 2017) "Rare 'lefty' snail left on the shelf"
The Guardian (19 May 2017) "Jeremy the lonely, left-coiling snail loses

conception of species. *Ibis* 78: 310-321.
Lack D (1947) *Darwin's Finches.* Cambridge University Press, Cambridge.
Attenborough D (1979) *Life on Earth: a natural history.* Little, Brown and Co., Boston.

第2章

Brown NA, Wolpert L (1990) The development of handedness in left/right asymmetry. *Development* 109:1-9.
Nonaka S et al. (1998) Randomization of Left-Right Asymmetry due to Loss of Nodal Cilia Generating Leftward Flow of Extraembryonic Fluid in Mice Lacking KIF3B Motor Protein. *Cell* 95:829-837.
Nonaka S, Shiratori H, Saijoh Y, Hamada H (2002) Determination of left-right patterning of the mouse embryo by artificial nodal flow. *Nature* 418:96-99.
Hamada H, Meno C, Watanabe D, Saijoh Y (2002) Establishment of vertebrate left-right asymmetry. *Nat. Rev. Genet.* 3:103-113.
Yoshiba S et al. (2012) Cilia at the Node of Mouse Embryos Sense Fluid Flow for Left-Right Determination via Pkd2. *Science* 338: 226-231.
Bangs F, Antonio N, Thongnuek P, Welten M, Davey MG, Briscoe J, Tickle C. (2011) Generation of mice with functional inactivation of *talpid3*, a gene first identified in chicken. *Development* 138:3261-3272.
Pohl C (2011) Left-right patterning in the C. elegans embryo: Unique mechanisms and common principles. *Commun Integr Biol.* 4:34-40.
Hozumi S et al. (2006) An unconventional myosin in *Drosophila* reverses the default handedness in visceral organs. *Nature* 440:798-802.
Inaki M, Liu J, Matsuno K (2016) Cell chirality: its origin and roles in left-right asymmetric development. *Phil. Trans. R. Soc. Lond. B* 371:20150403
Lobikin M et al. (2012) Early, nonciliary role for microtubule proteins in left-right patterning is conserved across kingdoms. *Proc. Natl. Acad. Sci. U.S.A.* 109:12586-12591.
Vandenberg LN, Levin M (2013) A unified model for left-right asymmetry? Comparison and synthesis of molecular models of embryonic laterality. *Dev Biol.* 379: 1-15.
Crampton HE (1894) Reversal of Cleavage in a Sinistral Gasteropod. *Ann. NY Acad. Sci.* 8: 167-170.
Boycott AE, Diver C (1923) On the inheritance of sinistrality in Limnæa peregra. *Proc. R. Soc. Lond. B* 95: 207-213.
Sturtevant AH (1923) Inheritance of direction of coiling in Limnaea. *Science* 58:269-270.

Barrett PH, Gautrey PJ, Herbert S, Kohn D, Smith S, eds.（1987）*Charles Darwin's Notebooks*, 1836–1844. Cornell University Press.
Browne J（2002）*Charles Darwin: The Power of Place*. Knopf.
Archibald JD（2017）*Origins of Darwin's Evolution: Solving the Species Puzzle Through Time and Place*. Columbia University Press, New York.
ダーウィン C（渡辺政隆 訳）（2009）『種の起源　上下』(光文社)
Moulton FR（1938）Influence of Astronomy on Science. *The Scientific Monthly* 47: 301–308.
Bowler PJ（1975）The Changing Meaning of "Evolution." *Journal of the History of Ideas* 36: 95–114.
Ostachuk A（2018）The Evolution Concept: The Concept Evolution. *Cosmos and History: The Journal of Natural and Social Philosophy* 14: 334–358.
Brush SG（1987）The Nebular Hypothesis and the Evolutionary Worldview. *History of Science* 25: 245–278.
Mayr E（1942）*Systematics and the origin of species*. Columbia University Press, New York.
Dobzhansky T（1951）*Genetics and the Origin of Species*. Columbia University Press, New York.
Ereshefsky M（2010）Darwin's solution to the species problem. *Synthese* 175:405–425.
Mallet J（2010）Why was Darwin's view of species rejected by twentieth century biologists? *Biology and Philosophy* 25:497–527.
Zachos FE（2016）*Species Concepts in Biology: Historical Development, Theoretical Foundations and Practical Relevance*. Springer, Switzerland.
Sulloway FJ（1984）Darwin and the Galapagos. *Biological Journal of the Linnean Society* 21: 29–59.
Sulloway FJ（1982）Darwin and his finches: The evolution of a legend. *Journal of the History of Biology* 15: 1–53.
Sulloway FJ（2009）Tantalizing tortoises and the Darwin-Galapagos legend. *Journal of the History of Biology* 42:3–31.
Gould J（1837）Remarks on a Group of Ground Finches from Mr. Darwin's Collection, with Characters of the New Species. *Proceedings of the Zoological Society of London* 5: 4–7.
van Wyhe, J（2012）Where do Darwin's finches come from? *The Evolutionary Review* 3: 185–195.
Darwin F ed.（1892）*Charles Darwin: his life told in an autobiographical chapter, and in a selected series of his published letters*. John Murray, London.
Barlow N（1935）Charles Darwin and the Galapagos Islands. *Nature* 136: 391.
Lowe PR（1936）The finches of the Galapagos in relation to Darwin's

参考文献

ホームページのURLは本書刊行直前（2020年1月）に確認したものです。変更されたり、アクセスできなくなる可能性もあります。御了承ください。

第1章

Grant PR, Grant BR（2014）*40 Years of Evolution: Darwin's Finches on Daphne Major Island*. Princeton University Press.

Boag PT, Grant PR（1981）Intense Natural Selection in a Population of Darwin's Finches（Geospizinae）in the Galápagos. *Science* 214: 82-85.

Price TD, Grant PR, Gibbs HL, Boag PT（1984）Recurrent patterns of natural selection in a population of Darwin's finches. *Nature* 309: 787-789.

Gibbs HL, Grant PR（1987）Oscillating selection in Darwin's finches. *Nature* 327: 511-513.

Grant PR, Grant BR（2002）Unpredictable Evolution in a 30-Year Study of Darwin's Finches. *Science* 296: 707-711.

Lamichhaney S et al.（2015）Evolution of Darwin's finches and their beaks revealed by genome sequencing. *Nature* 518: 371-375.

Grant PR et al.（2017）Evolution caused by extreme events. *Phil. Trans. R. Soc. Lond. B* 372:20160146.

Grant PR, Grant BR（1992）Hybridization of Bird Species. *Science*. 256:193-197.

Grant PR, Grant BR（2009）The secondary contact phase of allopatric speciation in Darwin's finches. *Proc. Natl. Acad. Sci. U.S.A.* 106: 20141-20148

Lamichhaney S et al.（2018）Rapid hybrid speciation in Darwin's finches. *Science* 359:224-228.

Vonnegut K（1985）*Galápagos: a novel*. Delacorte Press, New York.

ダーウィン C（島地威雄 訳）（1961）『ビーグル号航海記　下』（岩波書店）

Chancellor G, van Wyhe J, eds.（2009）*Charles Darwin's Notebooks from the Voyage of the Beagle*. Cambridge: Cambridge University Press, New York.

Barlow N, ed.（1963）Darwin's ornithological notes. *Bulletin of the British Museum (Natural History). Historical Series 2:* 201-278.

Gould J（1841）（In Darwin CR ed.）Birds: *The zoology of the voyage of H.M.S. Beagle*. Edited and superintended by Charles Darwin. Smith, Elder and Co., London.

Barrett PH, ed.（1960）A transcription of Darwin's first notebook on "Transmutation of Species." *Bulletin of the Museum of Comparative Zoology* 122: 245-296.

ま行

や・ら・わ行

た行

な行

は行

さくいん

アルファベット

あ行

か行

さ行

N.D.C.467.5　262p　18cm

ブルーバックス　B-2125

進化《しんか》のからくり
現代のダーウィンたちの物語

2020年2月20日　第1刷発行
2023年6月19日　第4刷発行

著者　千葉《ちば》　聡《さとし》
発行者　鈴木章一
発行所　株式会社講談社
〒112-8001　東京都文京区音羽2-12-21
電話　出版　03-5395-3524
販売　03-5395-4415
業務　03-5395-3615
印刷所　（本文印刷）株式会社ＫＰＳプロダクツ
（カバー表紙印刷）信毎書籍印刷株式会社
本文データ制作　ブルーバックス
製本所　株式会社国宝社

定価はカバーに表示してあります。

ISBN978－4－06－518721－0

発刊のことば

科学をあなたのポケットに

二十世紀最大の特色は、それが科学時代であるということです。科学は日に日に進歩を続け、止まるところを知りません。ひと昔前の夢物語もどんどん現実化しており、今やわれわれの生活のすべてが、科学によってゆり動かされているといっても過言ではないでしょう。

そのような背景を考えれば、学者や学生はもちろん、産業人も、セールスマンも、ジャーナリストも、家庭の主婦も、みんなが科学を知らなければ、時代の流れに逆らうことになるでしょう。

ブルーバックス発刊の意義と必然性はそこにあります。このシリーズは、読む人に科学的に物を考える習慣と、科学的に物を見る目を養っていただくことを最大の目標にしています。そのためには、単に原理や法則の解説に終始するのではなくて、政治や経済など、社会科学や人文科学にも関連させて、広い視野から問題を追究していきます。科学はむずかしいという先入観を改める表現と構成、それも類書にないブルーバックスの特色であると信じます。

一九六三年九月

野間省一